高等职业教育机电类专业"十三五"规划教材

机械制图与电气识图

刘金凤　主编

U0316723

中国铁道出版社有限公司
CHINA RAILWAY PUBLISHING HOUSE CO., LTD.

内 容 简 介

本书着重培养学生识图和绘图的能力。全书共分为 11 章,具体包括制图的基本知识和技能、投影基础、组合体、轴测图、图样的基本表示法、图样中的特殊表示法、零件图、装配图、电气图形符号及制图规则、识读电气原理图及电气安装接线图的方法和步骤、常见设备电气图读图实例。

本书编写从职业院校学生的需求实际出发,内容通俗易懂、深入浅出,大量采用图例、图表等,以求直观、形象、便于教学。

本书适合作为高等职业院校机械类、近机电类专业的教材,也可作为相关从业人员的培训教材和学习参考书。

图书在版编目(CIP)数据

机械制图与电气识图/刘金凤主编 . —北京:中国铁道
出版社有限公司,2021. 12
高等职业教育机电类专业"十三五"规划教材
ISBN 978-7-113-27919-6

Ⅰ. ①机… Ⅱ. ①刘… Ⅲ. ①机械制图-高等职业教育-教材
②电路图-识别-高等职业教育-教材 Ⅳ. ①TH126②TM13

中国版本图书馆 CIP 数据核字(2021)第 080407 号

书　　名:**机械制图与电气识图**
作　　者:刘金凤

策　　划:魏　娜　　　　　　　　编辑部电话:(010)83552550
责任编辑:钱　鹏
封面设计:刘　颖
责任校对:安海燕
责任印制:樊启鹏

出版发行:中国铁道出版社有限公司 (100054,北京市西城区右安门西街 8 号)
网　　址:http://www.tdpress.com/51eds/
印　　刷:三河市兴博印务有限公司
版　　次:2021 年 12 月第 1 版　　2021 年 12 月第 1 次印刷
开　　本:787 mm×1 092 mm　1/16　印张:12　字数:322 千
书　　号:ISBN 978-7-113-27919-6
定　　价:36. 00 元

前　言

各个工程领域的发展都离不开相应机械设备的优化更新，可以说几乎所有工程技术行业都与机械有关。在现代工业生产中，机械、化工、建筑等领域都是根据图样进行制造和施工的。设计者通过图样表达设计意图；制造者通过图样了解设计要求、组织制造和指导生产；使用者通过图样了解机械设备的结构和性能，进行操作、维修和保养。因此机械图样是交流传递技术信息、思想的媒介和工具，是工程界通用的技术语言。作为职业技术教育培养目标的生产第一线的现代新型人才，必须学会并掌握这种语言，具备识读和绘制机械图样的基本能力。

本书着重培养学生识图和绘图的能力。全书共分为11章，具体内容包括：制图的基本知识和技能、投影基础、组合体、轴测图、图样的基本表示法、图样中的特殊表示法、零件图、装配图、电气图形符号及制图规则、识读电气原理图及电气安装接线图的方法和步骤、常见设备电气图读图实例。本书实践性和实用性较强，内容通俗易懂、深入浅出，是适合高等职业院校机械类和近机类专业的教材，也可作为相关从业人员的培训教材和学习参考书。

本书由刘金凤任主编，王振宇、王砚军任副主编，徐昕皓、张菲菲参与编写。其中第一章至第三章由刘金凤编写，第四、五章由徐昕皓编写，第六章由王砚军编写，第七、八章由王振宇编写，第九章至十一章由张菲菲编写。

由于编写时间有限，书中难免存在疏漏和不足之处，恳请读者批评指正。

编　者

2021 年 2 月

目　录

第一章　制图的基本知识和技能

第一节　制图国家标准简介

一、图纸幅面、图框格式与标题栏（GB/T 14689—2008）

1. 图纸幅面

图纸是表达工程图样最重要的载体之一，图纸幅面是指绘制工程图时所使用图纸的大小。为了合理使用图纸和便于资料管理。在选择图纸幅面时，应参照国家标准来进行。现行制图国家标准为 GB/T 14689—2008，其中 GB 表示国家标准、T 表示推荐性标准、14689 为发布序号、2008 为发布年号。

基本幅面代号有 A0、A1、A2、A3、A4 五种，绘图用的图幅尺寸应符合表 1-1 的规定，必要时，也允许选用国家标准所规定的加长幅面，加长幅面的尺寸由基本幅面的短边乘以整数倍增加后得出，如图 1-1 所示。需要说明的是，表中幅面尺寸所用的单位为 mm，这也是工程当中及本教材所使用的默认单位，即当尺寸数字单位没有明确标出时，为 mm，当需要使用其他单位时，须明确标出单位符号。

表 1-1　基本幅面及尺寸

幅面代号	A0	A1	A2	A3	A4
$B \times L$	841×1 189	594×841	420×594	297×420	210×297
a	25				
c	10				5
e	20		10		

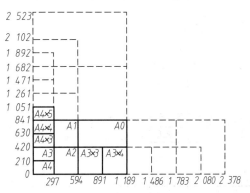

图 1-1　图纸加长幅面

2.图框格式

在绘制图样时,图纸上必须用粗实线绘制出图框,其格式分为不留装订边和留有装订边两种。需要装订的图样,应留装订边,其图框格式如图 1-2 所示;不需要装订的图样其图框格式如图 1-3 所示,具体尺寸见表 1-1。但同一产品的图样只能采用同一种格式,图样必须画在图框之内。

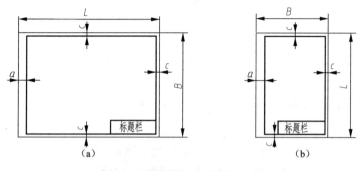

图1-2 留有装订边的图框格式

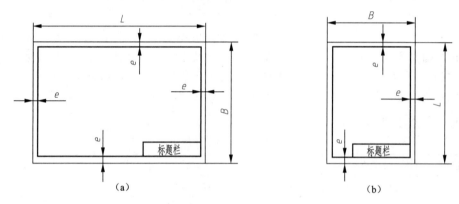

图1-3 不留装订边的图框格式

3.标题栏的绘制

每张图样的右下角须有标题栏,用以表达图样名称、图样代号、材料标记等详细信息。标题栏的格式、尺寸与内容如图 1-4 所示。

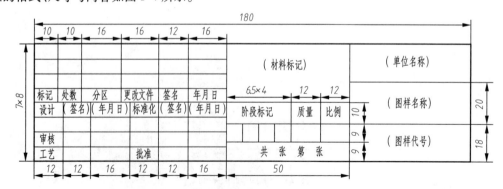

图1-4 国家标准规定的标题栏

国家标准规定的标题栏各栏含义与填写内容及要求见表1-2。

表1-2 国家标准规定标题栏的填写内容及要求

区 域	栏 目	填写要求
更改区	标记	按要求或有关规定填写更改标记
	处数	同一标记所表示的更改数量
	分区	必要时,按照有关规定填写
	更改文件号	填写更改所依据的文件号
	签名和年、月、日	填写更改人的姓名和更改的时间
签字区	设计	设计人员签名、时间
	审核	审核人员签名、时间
	工艺	工艺人员签名、时间
	标准化	标准化人员签名、时间
	批准	负责人员签名、时间
名称及代号区	单位名称	绘制图样单位的名称或代号
	图样名称	所绘制图样的名称
	图样代号	按有关标准或规定填写图样的代号
其他区	材料标记	按相应标准或规定填写图样所表达实体的材料
	阶段标记	按有关规定从左到右填写图样各生产阶段
	质量	填写图样所表达实体的计算质量,默认单位为千克(kg)
	比例	填写绘制图样时所采用的比例
	共 张 第 张	填写同一表达对象所绘图样的总张数及该张图样所在的张次
	投影符号	填写第一角画法或第三角画法的投影识别符号,采用第一角画法时,可省略

学生制图作业建议采用简化格式的标题栏,如图1-5所示,此种标题栏不能用在正式图样上。

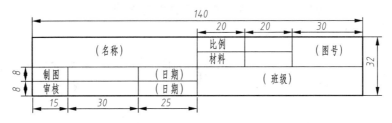

图1-5 简化的标题栏格式

二、比例、字体及图线

1. 比例(GB/T 14690—1993)

(1)术语

①比例:图样中机件要素的线性尺寸与实际机件相应要素的线性尺寸之比称为比例。

②原值比例:比值为1的比例,即1:1。

③放大比例:比值大于1的比例,如2:1。

④缩小比例:比值小于1的比例,如1:4。

（2）比例系列

绘制图样时应根据需要按表 1-3 中的规定先在优先选择系列中选取适当的比例。为了从图样上直接反映出物体的大小，绘图时应尽量采用原值比例。

（3）标注方法

①比例符号应以"："表示，如 1:1,2:1 等。

②比例一般标注在标题栏中的比例栏内。

不论采用何种比例，图形中所标注的尺寸数值必须是实物的实际大小，与图形的绘图比例无关。另外，图样按比例放大或缩小，仅限于图样上的线性尺寸，而与角度无关。绘制同一机件视图应采用相同的比例并填写在标题栏中，当某个视图采用了不同的比例时，必须在该图形的上方加以标注。

表 1-3　比例系列

种　类	优 先 选 择 系 列	允 许 选 择 系 列
原值比例	1:1	—
放大比例	5:1　　2:1 $5 \times 10^n:1$　　$2 \times 10^n:1$	4:1　　2.5:1 $4 \times 10^n:1$　　$2.5 \times 10^n:1$
缩小比例	1:2　　1:5　　1:10 $1:2 \times 10^n$　　$1:5 \times 10^n$　　$1:10 \times 10^n$	1:1.5　1:2.5　1:3　1:4　1:6　$1:1.5 \times 10^n$ $1:2.5 \times 10^n$　$1:3 \times 10^n$　$1:4 \times 10^n$　$1:6 \times 10^n$

2. 字体（GB/T 14691—1993）

国家标准《技术制图　字体》（GB/T 14691—1993）规定了汉字、字母和数字的结构形式及基本尺寸。图样中书写的汉字、数字、字母必须做到：字体工整、笔画清楚、间隔均匀、排列整齐。

字体的大小以号数表示，字体的号数就是字体的高度，用 h 表示。字体高度的公称尺寸系列为 1.8 mm、2.5 mm、3.5 mm、5 mm、7 mm、10 mm、14 mm、20 mm。如需要书写更大的字，其字体高度应按 $\sqrt{2}$ 的比率递增。用作指数、分数、注脚和尺寸偏差数值，一般采用小一号字体。

（1）汉字

汉字应写成长仿宋体字，并应采用中华人民共和国国务院正式推行的《汉字简化方案》中规定的简化字。长仿宋体字的书写要领是：横平竖直、注意起落、结构均匀、填满方格。汉字的高度不应小于 3.5 mm，其字宽一般为 $h/\sqrt{2}$，如图 1-6 所示。

10号字 字体工整 笔画清楚 间隔均匀 排列整齐

7号字 横平竖直　注意起落　结构均匀　填满方格

5号字　技术制图　机械电子　汽车船舶　土木建筑

3.5号字　螺纹齿轮　航空工业　施工排水　供暖通风　矿山港口

图 1-6　长仿宋体字

（2）字母和数字

字母和数字分为 A 型和 B 型。字体的笔画宽度用 d 表示，A 型字体的笔画宽度 $d = h/14$，B

型字体的笔画宽度 $d = h/10$，字母和数字可写成斜体和直体。斜体字字头向右倾斜，与水平基准线成75°，如图1-7所示。在同一图样上只允许选用一种字体。

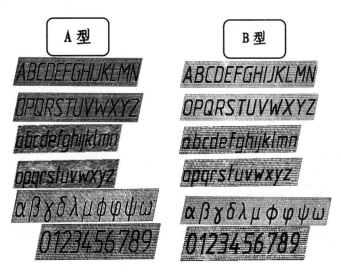

图1-7　数字和字母

3. 图线

（1）基本线型

图线是起点和终点以任意方式连接的一种几何图形，它可以是直线或曲线、连续线或不连续线。国家标准《机械制图　图样画法　图线》（GB/T 4457.4—2002）中规定了15种基本线型的名称、形式、结构、标记及画法规则等。此处列出了九种常用的线型及其用途，见表1-4。图线绘制的基本要求是"线型分明、首尾均匀、线边光滑"。

表1-4　线型及其用途

图线名称	代码 No.	线　　　型	线　宽	一　般　应　用
细实线	01.1	————————	$d/2$	①过渡线； ②尺寸线、尺寸界线； ③指引线和基准线； ④剖面线
波浪线	01.1	～～～～～～	$d/2$	①断裂处边界线； ②视图与剖视图的分界线
双折线	01.1	—⌿—⌿—⌿—	$d/2$	①断裂处边界线； ②视图与剖视图的分界线
粗实线	01.2	————————	d	①可见棱边线； ②可见轮廓线； ③相贯线； ④螺纹牙顶线
细虚线	02.1	- - - - - -	$d/2$	①不可见棱边线； ②不可见轮廓线
粗虚线	02.2	- - - - - -	d	允许表面处理的表示线

续上表

图线名称	代码 No.	线　型	线宽	一般应用
细点画线	04.1	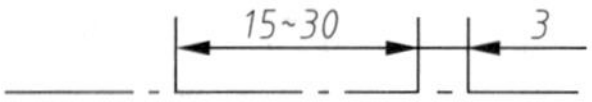 ├─ 15~30 ─┤ ├ 3 ┤	$d/2$	①轴线、对称中心线； ②分度圆(线)
粗点画线	04.2	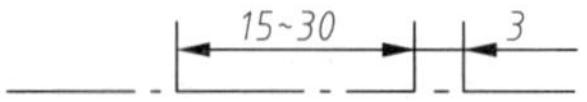 ├─ 15~30 ─┤ ├ 3 ┤	d	工艺线
细双点画线	05.1	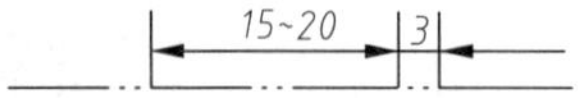 ├─ 15~20 ─┤ ├ 3 ┤	$d/2$	①相邻辅助零件的轮廓线； ②可动零件的极限位置的轮廓线

（2）图线的宽度

图线分粗、细两种。粗线的宽度 b 可在 0.5～2 mm 间选择，细线的宽度为 $b/2$。线宽的推荐组别为 0.25 mm、0.35 mm、0.5 mm、0.7 mm、1 mm、1.4 mm、2 mm。不同线宽组别情况下绘制细实线与粗实线的对应关系见表1-5。

表1-5　不同线宽组别情况下绘制细实线与粗实线的对应关系　　　单位:mm

线　宽	线型及对应线宽	
	粗实线；粗虚线；粗点画线	细实线；波浪线；细虚线；细点画线
0.25	0.25	0.13
0.35	0.35	0.18
0.5	0.5	0.25
0.7	0.7	0.35
1	1	0.5
1.4	1.4	0.7
2	2	1
组别 0.5 mm 和 0.7 mm 为优先采用的图线组别。		

（3）图线画法注意要点

①在同一图样中同类线型的宽度应当基本一致。

②虚线以及各种非连续线相交时相交处应相交于线，而不应相交于点（短画）或间隙。

③点画线与双点画线两端应是线段而非短画，画对称中心线及回转中心线时，中心线应超出图形轮廓 2～5 mm。

④当所绘制的图形太小，其中心线用点画线绘制比较困难时，可用细实线代替点画线。

⑤绘制剖面线时，除非另有规定，两条平行线之间的最小间隙不得小于 0.7 mm。

⑥当两种或两种以上图线重叠时，应按可见轮廓线、不可见轮廓线、轴线和对称中心线、双点画线的顺序优先画出所需的图线。

第二节　尺寸注法

在图样上，图形只表示物体的形状。物体的大小及各部分的相互位置关系，则需要用标注尺寸来确定。国家标准《机械制图　尺寸注法》（GB/T 4458.4—2003）、《技术制图　简化表示法第 2 部分:尺寸注法》（GB/T 16675.2—2012）规定了图样中尺寸的注法。

一、基本规则

①机件的真实大小应以图样上所注的尺寸数值为依据,与图形的大小及绘图的准确度无关。

②图样中(包括技术要求和其他说明)的尺寸,以 mm(毫米)为单位时,不需要标注计量单位的符号或名称。若采用其他单位,则必须注明相应的计量单位的符号或名称。

③图样中所标注的尺寸,为该图样所示机件的最后完工尺寸,否则应另加说明。

④机件的每一尺寸,一般只标注一次,并应标注在反映该结构最清晰的图形上。

二、尺寸数字、尺寸线和尺寸界线

一个标注完整的尺寸应标注出尺寸数字、尺寸线和尺寸界线。尺寸数字表示尺寸的大小,尺寸线表示尺寸的方向,而尺寸界线则表示尺寸的范围,如图 1-8 所示。

1.尺寸数字

(1)线性尺寸的数字一般应注写在尺寸线的上方,也允许注写在尺寸线的中断处,但同一张图中只能存在一种形式,如图 1-9 所示。

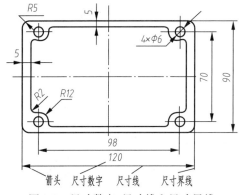

图 1-8　尺寸数字、尺寸线和尺寸界线

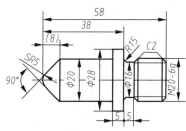

图 1-9　线性尺寸数字的注写

(2)线性尺寸数字一般应按图 1-10(a)所示的方向注写,并尽可能避免在图示 30°范围内标注尺寸,当无法避免时可按图 1-10(b)的形式标注。

2.尺寸线

(1)尺寸线用细实线绘制,用以表示所注尺寸的方向。尺寸线的终端结构有两种形式:箭头和斜线。

① 箭头的形式如图 1-11(a)所示,适用于各种类型的图样。

② 斜线用细实线绘制,其方向和画法如图 1-11(b)所示。当尺寸线的终端采用斜线形式时,尺寸线与尺寸界线应相互垂直。

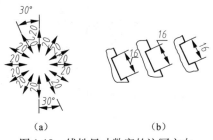

（a）　　　　　　　　　（b）

图 1-10　线性尺寸数字的注写方向

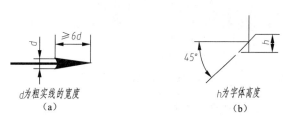

d为粗实线的宽度

（a）

h为字体高度

（b）

图 1-11　尺寸线的两种终端形式

（2）标注线性尺寸时,尺寸线应与所标注的线段平行。尺寸线不能用其他图线代替,一般也不得与其他图线重合或画在其延长线上。

3. 尺寸界线

（1）尺寸界线用细实线绘制,并应由图形的轮廓线、轴线或对称中心线处引出,也可利用轮廓线、轴线或对称中心线作尺寸界线,如图 1-12 所示。

（2）尺寸界线一般应与尺寸线垂直并略超过尺寸线（通常以 3 ～ 4 mm 为宜）；在特殊情况下也可以不相垂直,但两尺寸界线必须互相平行,如图 1-13 所示。

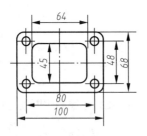
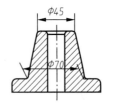

图 1-12　尺寸界线的画法　　　　图 1-13　特殊情况下尺寸界线的画法

三、常见的尺寸注法

1. 圆的尺寸注法

圆的尺寸注法如图 1-14 所示。

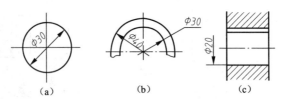

（a）　　　　　　　（b）　　　　　　　（c）

图 1-14　圆的尺寸注法

2. 圆弧的尺寸注法

弧长的尺寸注法如图 1-15 所示,圆弧半径的尺寸注法如图 1-16 所示。

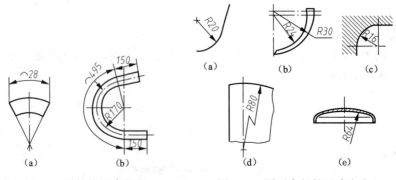

（a）　　　　　　　（b）　　　　　　（a）　　　　（b）　　　　（c）

（d）　　　　（e）

图 1-15　弧长的尺寸注法　　　　　图 1-16　圆弧半径的尺寸注法

3. 球的尺寸注法

球的尺寸注法如图 1-17 所示。

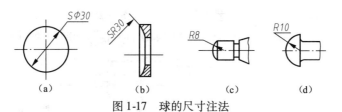

图 1-17 球的尺寸注法

4. 角度的尺寸注法

角度的尺寸注法如图 1-18、图 1-19 所示。

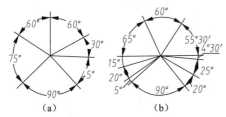

图 1-18 角度尺寸数字的注写

图 1-19 角度的尺寸与尺寸界线的画法

5. 小尺寸的尺寸注法

小尺寸的尺寸注法如图 1-20 所示。

6. 对称图形的尺寸注法

对称图形的尺寸注法如图 1-21 所示。

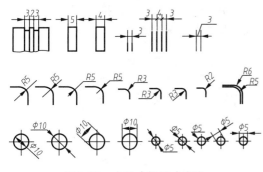

图 1-20 小尺寸的尺寸注法

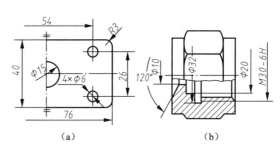

图 1-21 对称图形的尺寸注法

7. 光滑过渡处的尺寸注法

光滑过渡处的尺寸注法如图 1-22 所示。

8. 正方形结构的尺寸注法

正方形结构的尺寸注法如图 1-23 所示。

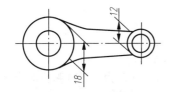

图 1-22 光滑过渡处的尺寸注法

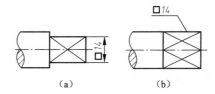

图 1-23 正方形结构的尺寸注法

9. 尺寸标注的注意事项

(1) 在进行尺寸标注时,尺寸数字不可被任何图线所通过;否则应将该图线断开,如图 1-24 所示。

（2）标注参考尺寸时,应将尺寸数字加上圆括弧,如图1-25所示。

（3）标注板状零件的厚度时,可在尺寸数字前加注符号"t",如图1-26所示。

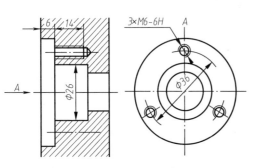

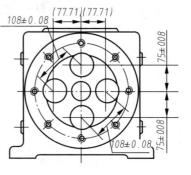

图1-24 尺寸数字不可被任何图线所通过　　　图1-25 参考尺寸的注法　　　图1-26 板状零件厚度的尺寸注法

第三节 几何作图

一、等分线段

已知线段 AB 将其五等分,作图过程如图1-27所示。过线段 AB 的端点 A 作一条与 AB 成任意角度的线段 AC,在此线段上截取五等分。将最后的等分点"5"与端点 B 连接,过点"4"点"3"点"2"点"1"分别作线段 $5B$ 的平行线,与线段 AB 的交点即为所需等分点。

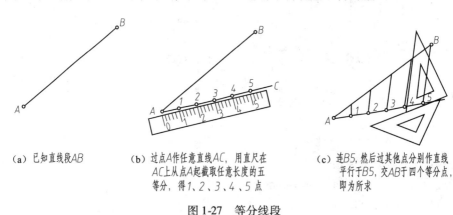

（a）已知直线段 AB　　　（b）过点 A 作任意直线 AC,用直尺在　　　（c）连 $B5$,然后过其他点分别作直线
　　　　　　　　　　　　　　　 AC 上从点 A 起截取任意长度的五　　　　　　平行于 $B5$,交 AB 于四个等分点,
　　　　　　　　　　　　　　　等分,得1、2、3、4、5点　　　　　　　　即为所求

图1-27 等分线段

二、等分圆周作正多边形

1.圆内接正六边形

已知一半径为 R 的圆,求作其内接正六边形,绘制步骤如下:

（1）用圆规作图。分别以圆的直径两端 A 和 D 为圆心,以 R 为半径画弧交圆周于 B、F、C、E;依次连接 A、B、C、D、E、F、A,即得所求正六边形（见图1-28）。

（2）用三角板配合丁字尺作图。用30°和60°三角板与丁字尺配合,也可作圆内接正六边形或外切正六边形（见图1-29）。

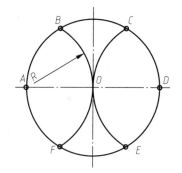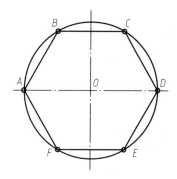

图 1-28 用圆规作圆内接正六边形

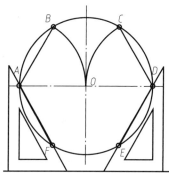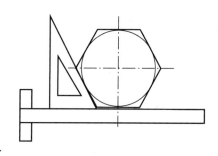

图 1-29 用丁字尺、三角板作圆内接或圆外切正六边形

2. 圆内接正五边形

已知一半径为 R 的圆,求作圆内接正五边形。

五等分圆周并作正五边形,可用分规试分,也可按下述方法作图(见图 1-30):

(1)做出半径 OF 的等分点 H。

(2)以 HA 为半径作圆弧,交直径于 G。

(3)AG 长即为五边形的边长,依次连接各等分点 A、B、C、D、E,即为所求。

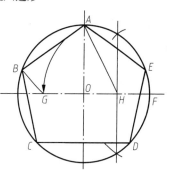

图 1-30 用圆规作圆内接正五边形

三、斜度与锥度

1. 斜度

斜度是指一直线(或平面)对另一直线(或平面)的倾斜程度,其大小用两直线(或平面)夹角的正切来表示,通常以 $1:n$ 的形式标注。

标注倾斜度时在数字前应加注符号"∠",符号"∠"的方向应与直线或平面倾斜的方向一致,如图 1-31(a)所示。

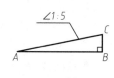

(a)符号   (b)斜度   (c)画法

图 1-31 斜度、斜度符号和斜度的画法

若要对直线 AB 作一条斜度为 1:5 的倾斜线,则作图方法为:先过点 B 作 $CB \perp AB$,并使 CB:$AB = 1:5$,连接 AC,既得所求斜线,如图 1-31(b)所示。

2. 锥度

锥度是指正圆锥的底圆直径 D 与该圆锥高度 L 之比;而对于圆台,锥度则为两底圆直径之差 $D - d$ 与圆台高度 t 之比,即锥度 $= \dfrac{D}{L} = \dfrac{D - d}{l} = 2\tan\alpha$($\alpha$ 为 1/2 的锥顶角),如图 1-32(a)所示。

锥度在图样上的标注形式为 1:n,且在此之前加注符号"◁"。符号尖端方向应与锥顶方向一致。

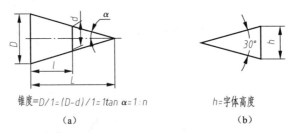

锥度=D/1=(D-d)/1=1tan α=1:n
（a）　　　　　　　　　h=字体高度
（b）

图 1-32　锥度、锥度符号和锥度的画法

若要求作一锥度为 1:5 的圆台锥面,且已知底圆直径为 $\phi 20$ mm,圆台高度为 30 mm,则其作图方法如下:

步骤一:由 O 点沿轴线向右取五等份,由 O 沿垂线向上和向下分别取 1/2 个等份;连接等分端点就可以得到 1:5 的锥度,如图 1-33(a)所示。

步骤二:分别过 A 点 B 点作两条锥度线的平行线,就可以得到所求作图形的锥度,如图 1-33(b)所示。

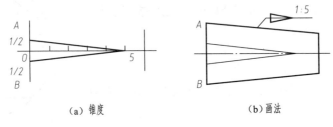

（a）锥度　　　　　　　　　（b）画法

图 1-33　锥度的画法

四、圆弧的连接

机械图样中大多数图形是由直线与圆弧,圆弧与圆弧连接而成的。圆弧连接,实际上就是用已知半径的圆弧去光滑连接两已知线段(直线或圆弧)。其中起连接作用的圆弧称为连接圆弧。这里讲的连接,指圆弧与直线或圆弧与圆弧连接处是相切的。因此,作图时必须根据连接圆弧的几何性质准确地求出连接圆弧的圆心和切点位置。

常见的圆弧连接的形式有用连接圆弧连接两已知直线,用连接圆弧连接两已知圆弧,用连接圆弧连接一已知直线和一已知圆弧。

(一)用连接圆弧连接两已知直线

设已知连接圆弧的半径为 R,则用该圆弧将直线 L_1 及 L_2 光滑连接的作图方法(见图 1-34)如下:

作直线 Ⅰ 和 Ⅱ 分别与 L_1 和 L_2 平行,且距离为 R,直线 Ⅰ 和 Ⅱ 的交点 O 即为连接圆弧的圆心。

过圆心 O 分别作 L_1 和 L_2 的垂线,其垂足 T_1 和 T_2 即为连接点(即切点)。以 O 为圆心,R 为半径画圆弧。

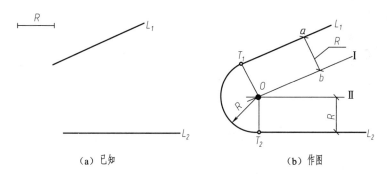

(a)已知　　　　　　　　　　　　(b)作图

图 1-34　用连接圆弧连接两已知直线

(二)用连接圆弧连接两已知圆弧

用连接圆弧连接两已知圆弧可分为外连接、内连接和混合连接三种情况。

1. 外连接

外连接是连接圆弧同时与两已知圆弧相外切,其切点必位于已知圆弧和连接圆弧的连心线上,且落在两圆心之间。因此,用半径为 R 的连接圆弧连接半径为 R_1 和 R_2 的两已知圆弧如图 1-35(a)所示,其作图步骤见图 1-35(b)。

(1)分别以 O_1 和 O_2 为圆心、$R+R_1$ 和 $R+R_2$ 为半径作弧相交于 O,交点 O 即为连接圆弧的圆心。

(2)连接 O_1O 和 O_2O 分别与已知圆弧相交得连接点 T_1 和 T_2。

(3)以 O 为圆心,R 为半径作弧 T_1T_2 即为所求。

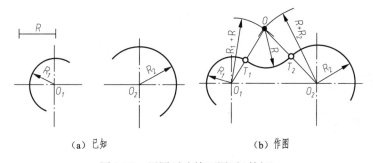

(a)已知　　　　　　　　　　　　(b)作图

图 1-35　用圆弧连接两圆弧(外切)

2. 内连接

内连接是连接圆弧同时与两已知圆弧相内切,其作图原理与外连接相同。只是由于连接圆弧和已知圆弧内切,其切点应落在两圆弧连心线的延长线上(即两圆弧的圆心位于切点的同侧),故在求连接圆弧的圆心时,所用的半径应为连接圆弧与已知圆弧的半径差,即 $R-R_1$ 和 $R-R_2$,作图方法如图 1-36(b)所示。

3. 混合连接

连接圆弧的一端与一已知圆弧外连接,另一端与另一已知圆弧内连接,称为混合连接。其作图方法如图 1-37(c)所示。

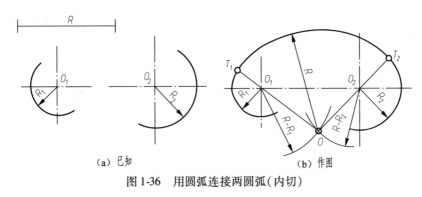

图1-36　用圆弧连接两圆弧(内切)

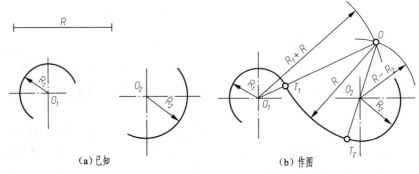

图1-37　用圆弧连接两圆弧(一外切、一内切)

4. 用连接圆弧连接一已知直线和一已知圆弧

连接圆弧的一端与已知直线相切而另一端与已知圆弧外连接(或内连接),可综合利用连接圆弧与直线相切以及连接圆弧与圆弧外连接(或内连接)的作图原理,其作图方法如图1-38所示。

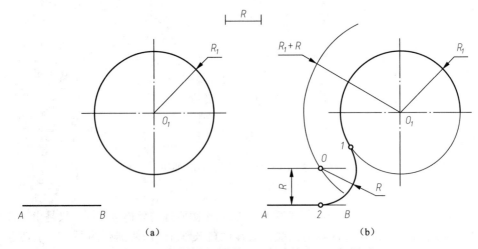

图1-38　用连接圆弧连接一已知直线和一已知圆弧

五、绘制椭圆

1. 同心圆法画椭圆

采用同心圆法画椭圆如图1-39所示。

（1）以 O 为圆心、长轴 AB 和短轴 CD 为直径作两个同心圆。

（2）由 O 作若干放射线与两同心圆相交。

（3）由各交点作长、短轴的平行线，即可分别交得椭圆上的各点。

（4）用曲线顺序连接各点即得椭圆。

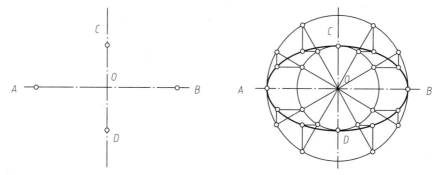

图 1-39 同心圆法画椭圆

2. 四心圆弧法近似画椭圆

四心圆弧法近似画椭圆如图 1-40 所示。

（1）长轴 AB 与短轴 CD 互相垂直平分，连 AC，在 AC 上取点 E，使 $CE = OA - OC$。

（2）作 AE 的中垂线交两轴于 O_1 和 O_2，取其对称点 O_3 和 O_4。

（3）将四个圆心点两两相连，得出四条连心线。

（4）分别以 O_1 和 O_3 为圆心、O_1C、O_3D 为半径作弧交 O_1O_2、O_1O_4 的延长线于 T_1、T_2，交 O_3O_2、O_3O_4 的延长线于 T_3、T_4。以 O_2、O_4 为圆心，O_2A、O_4B 为半径画弧 T_1T_3 和弧 T_2T_4，即得椭圆。

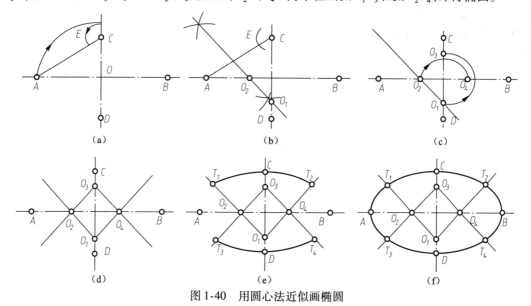

图 1-40 用圆心法近似画椭圆

第四节 平面图形分析及作图方法

平面图形是由几何图形和一些线段组成。分析平面图形是根据图形形状和尺寸来分析几何图形各线段的形状、大小及它们的相对位置，根据分析结果画图、读图。

1. 平面图形的尺寸分析

尺寸分析的主要内容是分析一个平面图形中,哪些是定形尺寸,哪些是定位尺寸,同时要考虑到图形中的尺寸基准。尺寸分析的要点见表1-6。

表1-6 尺寸分析的要点

要素	含义	特点及应用
基准	标注尺寸的起点	(1)对称图形的对称线。 (2)较大圆的中心线。 (3)较长的直线(重要轮廓线或较大平面)
定形尺寸	确定平面图形各组成部分形状大小的尺寸	各基本形体的大小,如线段的长度、圆及圆弧的直径或半径、角度大小等,如图1-41中$\phi36$、$R26$、$R17$等
定位尺寸	确定平面图形各组成部分之间相对位置的尺寸	各基本形体的相对位置,如孔的圆心到基准的距离、孔与孔之间的距离,如图1-41中150、27、$R56$等

2. 平面图形的线段分析

平面图形中的线段通常分为三种:已知线段、中间线段和连接线段。各种线段的特点见表1-7。

表1-7 三种线段的特性

要素	条件	特点
已知线段	尺寸完整,有定形尺寸和定位尺寸,如图1-41中$R26$、$\phi30$、$R128$等	能够直接求得(画出)
中间线段	尺寸不完整,有定形尺寸,而定位尺寸不全,如图1-41中$R22$、$R43$	要依靠与已知线段的连接关系求得(画出)
连接线段	尺寸不完整,有定形尺寸,无定位尺寸,如图1-41中$R40$、$R12$	要依靠与相邻线段的连接关系求得(画出)

3. 平面图形的画法

绘制图1-41所示平面图形,具体作图步骤如图1-42所示:

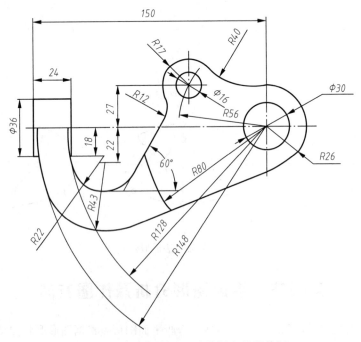

图1-41 平面图形的尺寸分析和线段分析

（1）画出图形的基准线和定位线：根据 R56 和 27 确定小圆弧 φ16、R17 的圆心位置。

（2）画出已知线段：根据上面已经确定的圆心位置，分别画出图形中左端 φ36 和 24 的部分以及右端 φ30、R26、R80、R128、R148、φ16、R17，如图 1-42（b）所示。

（3）画出中间线段：因中间弧 R22、R43 都只给出圆心的一个坐标，即分别在距水平基准线 18 和 22 的平行线上，另一坐标分别为 $x = R128 - R22$ 和 $x = R148 - R43$。

（4）画出连接线段：根据 R26 + R40 和 R17 + R40 找出 R40 圆心，然后找出两切点，做出 R40 圆弧。

（5）检查、描深、标注尺寸：图形画完应进行全面检查，把多余的辅助线擦去，补全遗漏的线，然后进行描深，最后标注尺寸。

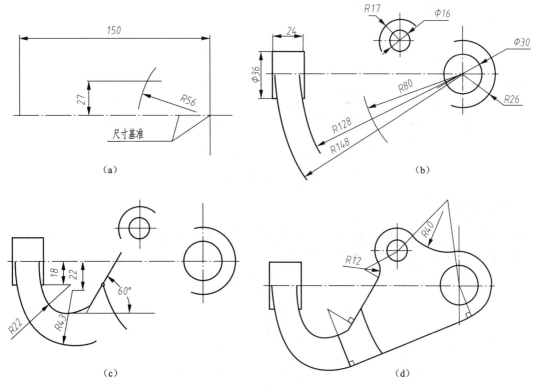

图 1-42　平面图形的作图步骤

第五节　常用绘图工具的使用方法

机械制图绘制方法分为软件绘图和尺规绘图两种。而尺规绘图的工具主要有丁字尺、三角板、比例尺、分规、圆规、铅笔等。我们正确的使用这些工具去绘图才能提高机械制图的质量和效率，快速有效的绘制出各种机械图样。

一、图板和丁字尺

图板是用来铺放制图纸张的，因此必须固定好，并用胶带将图纸粘接在图板上，如图 1-43 所示。

图板必须要保持平整光滑和干燥,平时使用图板时要注意保护图板的边,并且防止图板受潮。

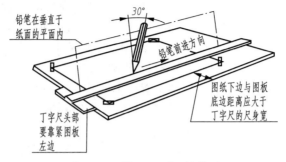

图 1-43 图板和丁子尺的使用

丁字尺是用来绘制水平直线的,如图 1-44 所示。使用时必须保持尺头内侧面垂直,紧贴图板工作边。

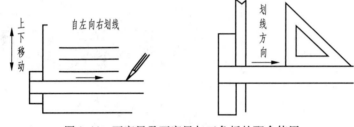

图 1-44 丁字尺及丁字尺与三角板的配合使用

二、三角板

一副三角板包含 45°和 60°两种规格,配合着使用可以画出 15°倍角的直线来,也可使用两块三角板画出垂直线和平行线,如图 1-45 所示。

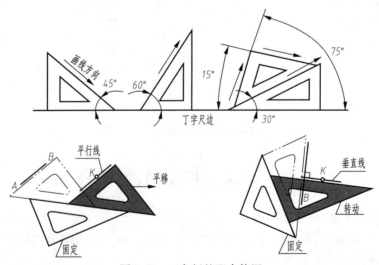

图 1-45 三角板的配合使用

三、比例尺

比例尺只能用于量取不能用于画线,如图 1-46 所示。在比例尺不同侧面有不同比例的刻度可以很方便地画出不同比例的直线。

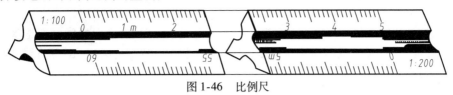

图 1-46　比例尺

四、绘图仪器

①分规：分规是用来等分线段和在尺子上量取尺寸的工具，如图 1-47（b）所示，使用时两个针尖要保持对齐。

②圆规：圆规用来画圆或圆弧的工具，如图 1-47（c）所示。钢针分为台阶状（支撑尖）和锥状（普通尖），画圆时应当用台阶状的，以免针尖插入图板过深。圆规的铅芯应当用比画直线的铅芯软一号的。磨成矩形的用来画粗实线，锥状的用来画细实线。画圆时匀速前进并向运动方向稍微倾斜可以减少画圆阻力。画小圆的时候可用弹簧圆规和点圆规，特大圆可以使用加长杆。

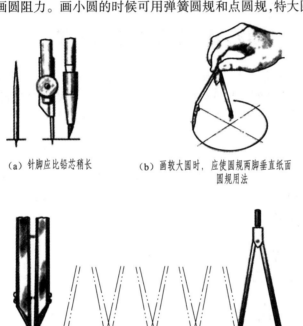

（a）针脚应比铅芯稍长　　　（b）画较大圆时，应使圆规两脚垂直纸面
圆规用法

（c）分规的用法

图 1-47　圆规和分规的使用方法

五、曲线板

曲线板是用来画非圆曲线的工具，它的轮廓线是由多段不同曲率半径的曲线组成，如图 1-48 所示。画图时，先找出曲线上的若干点，再徒手用铅笔轻轻地把各点连起来。为使曲线光滑，最好每次有 4 个点与曲线吻合，先画 1 到 3 之间，再画 3 到 4 之间，直至画出光滑的曲线。

六、铅笔

铅笔软硬用 B 和 H 表示。B 前数字越大表示越软，H 则相反。一般要多准备几种铅笔，画粗实线用 B 或 2B,画细线或写字用 H 或 HB,打底稿用 2H。用于画粗实线的铅笔应该磨成矩形,而其他的一般磨成锥型即可,如图 1-49 所示。

画线时应该使铅笔前后方向与直纸面垂直,保持与前进方向 30°左右的角度,铅芯紧靠尺边,用力均匀,速度适中。有一定经验后可以很轻松的画出粗细一致颜色深浅一致的直线,因此需要我们多加练习。

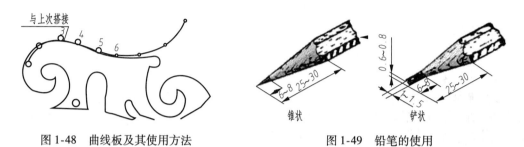

图 1-48 曲线板及其使用方法   图 1-49 铅笔的使用

第六节 徒手绘图的方法

徒手绘图就是不借助绘图工具,目测形状及大小徒手绘制的图样。在机器测绘技术交流、现场参观等场合,受现场条件的制约与机动性要求。经常需要徒手绘图来进行工程记录表达技术思想等,因此徒手绘图是合格工程技术人员必备的一项基本技能。

一、徒手绘圆的基本要求和动作要领

徒手绘图时,应事先准备好铅笔、方格纸(或白纸)及橡皮等工具,一般选择铅芯较软的 HB 或 2B 铅笔,铅芯磨成圆锥状。

1. 徒手绘图的基本要求

徒手绘图的基本要求如下:

(1)画线要稳,图线要清晰。

(2)目测尺寸尽量符合实际尺寸,各部分比例选取适当。

(3)绘图速度要快。

(4)标注尺寸尽可能准确清晰,字迹尽可能工整。

2. 徒手绘图的动作要领

徒手绘图的动作要领如下:

(1)徒手绘图时,手握笔的位置要比用仪器绘图时较高些,以利于运笔和观察目标。

(2)运笔时,小拇指及手腕不宜紧贴纸面,力求自然用力。

(3)绘制短线时用手腕用力,绘制长线时用前臂动作。

(4)在两点之间画长线,目光要注视线段的终点,轻轻移动手臂沿要画的线段方向画至终点。

二、徒手绘图的基本技能

1. 直线的画法

(1)画直线

画水平线时,先在图纸的左右两边,根据所画线段的长短定出其两端点,注视终点,自在左向右水平移动,小拇指轻轻滑过纸面,以控制直线的平直,画至终点。画垂直线时,先在图纸的上下两边,根据所画线段的长短定出其两端点,由上而下用手腕沿垂直方向轻轻移动,画至终点,如图1-50所示。

图 1-50　徒手画直线

（2）画斜线

画斜线时,首先目测线段长短;定出两端点,若画向右的倾斜线,则自左向右用手腕沿倾斜方向朝斜上方轻轻移动;画至终点:若画向左的倾斜线,则自左向右用手腕沿倾斜下方轻轻移动,画至终点,如图1-51所示。

图 1-51　徒手画斜线

2. 圆的画法

画圆时,应首先确定圆心位置,过圆心画出对称中心线,再过中心点画出与水平线成45°的斜线。在对称线及斜交线上距圆心等于半径处截取八个点,过八个点画圆即可,如图1-52所示。

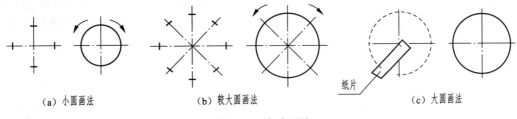

（a）小圆画法　　　　　（b）较大圆画法　　　　　（c）大圆画法

图 1-52　徒手画圆

3. 常用角度的画法

画常用角度时,可根据它们的斜率,用近似比值得出,如图1-53所示。

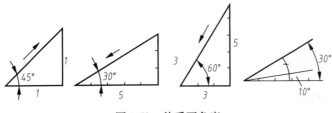

图 1-53　徒手画角度

第二章　投影基础

第一节　投影法和视图的基本概念

投影法是工程制图的基本理论。工程制图依靠投影法来确定空间几何形体在平面图纸上的投影。采用投影法，人们可以利用平面图形正确地表达物体的形状。本章介绍了投影法的基本概念和三视图的形成及其性质。

一、投影法的概念

在日常生活中，人们看到太阳光或灯光照射物体时，在地面或墙壁上出现物体的影子，这就是一种投影现象。我们把光线称为投射线，地面或墙壁称为投影面，影子称为物体在投影面上的投影。

下面进一步从几何观点来分析投影的形成。设空间有一定点 S 和任一点 A，以及不通过点 S 和点 A 的平面 P，如图 2-1 所示，从点 S 经过点 A 作直线 SA，直线 SA 必然与平面 P 相交于一点 a，则称点 a 为空间任一点 A 在平面 P 上的投影，称定点 S 为投影中心，称平面 P 为投影面，称直线 SA 为投射线。据此，要作空间物体在投影面上的投影，其实质就是通过物体上的点、线、面作一系列的投影线与投影面的交点，并根据物体上的线、面关系，对交点进行恰当的连线。

如图 2-2 所示，作 $\triangle ABC$ 在投影面 P 上的投影。先自点 S 过点 A、B、C 分别作直线 SA、SB、SC 与投影面 P 的交点 a、b、c，再过点 a、b、c 作直线，连成 $\triangle abc$，$\triangle abc$ 即为空间的 $\triangle ABC$ 在投影面 P 上的投影。

上述这种用投射线通过物体，向选定的面投射，并在该面上得到图形的方法称为投影法。

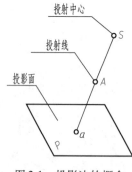

图 2-1　投影法的概念

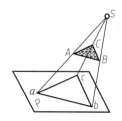

图 2-2　中心投影法

二、投影法的种类及应用

1. 中心投影法

投影中心距离投影面在有限远的地方，投影时投射线汇交于投影中心的投影法称为中心投影法,如图 2-2 所示。

缺点:中心投影不能真实地反映物体的形状和大小,不适用于绘制机械图样。

优点:有立体感,工程上常用这种方法绘制建筑物的透视图。

2. 平行投影法

若将投射中心 S 移到距投影面 P 无限远处,则所有的投射线都相互平行,这种投影法称为平行投影法,所得投影称为平行投影。

平行投影法中,根据投射线是否垂直于投影面又分为正投影法和斜投影法两种:

(1)若投射线垂直于投影面,称为正投影法,所得投影称为平行正投影,如图 2-3(a)所示。

(2)若投射线倾斜于投影面,称为斜投影法,所得投影称为平行斜投影,如图 2-3(b)所示。

正投影法主要用于绘制工程图样,如果没有特别说明,本书中采用的投影法均为正投影法。斜投影法主要用于绘制有立体感的图形,如斜轴测投影图等。

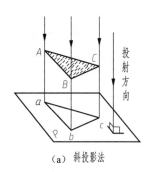
（a）斜投影法

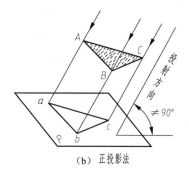
（b）正投影法

图 2-3　平行投影法

三、正投影法的基本特征

空间的平面图形平行于投影面时,用正投影法得到的正投影将具有反映该平面图形的真实大小和形状的特性,而且这种特性不会随平面与投影面间距离的改变而改变,而且作图也比较方便,因此正投影法在机械制图中得到广泛应用。

正投影法之所以在机械制图中能得到广泛应用,是由正投影法的一系列特性所决定的。

其中类似性、真实性与积聚性是正投影法的基本特性。

1. 类似性

正投影法的类似性是投影形状与实际表达物体形状相类似的特性,即一般情况下直线的投影仍为直线、平面的投影仍为平面,多边形的投影仍为相同边数的多边形等。如图 2-4 所示,直线 *AB* 的正投影仍为直线 *ab*,四边形 *CDEF* 的正投影仍为四边形 *cdef*。

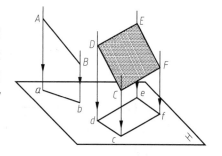
图 2-4　正投影法的类似性

2. 真实性

正投影法的真实性就是当投影物体与投影面平行时,其投影能够反映其真实形状的特性。比如直线段的投影能够反映其真实长度,平面的投影能够反映其实形等。如图 2-5 所示,空间直线 *AB* 与空间平面

CDEF 分别与投影面 *P* 平行,则其正投影 *ab* 与 *cdef* 分别反映了它们的实形。

3. 积聚性

正投影法的积聚性就是当直线与平面或投影面垂直时,其投影分别在投影面上积聚为一个点或一条直线。如图 2-6 所示,空间直线 *AB* 和空间平面 *CDEF* 分别垂直于投影面 *P* 则它们在投影面 *P* 上的正投影分别积聚成一个点和一条直线。

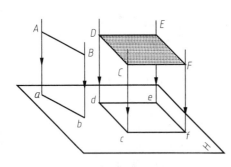
图 2-5 正投影法的真实性

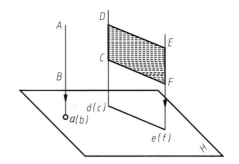
图 2-6 正投影法的积聚性

四、正投影法的附加特性

平行性、从属性与定比性是由类似性、真实性与积聚性这些基本特性延伸出来的附加特性。

1. 平行性

正投影法的平行性就是两直线平行及其投影仍相互平行或重合的特性。如图 2-7 所示,直线 *AB*、*CD* 在空间是相互平行的,根据几何特性,则过两直线的投射线所形成的两平面 *ABba* 与 *CDdc* 必相互平行,故两平面与投影面 *P* 的交线 *ab* 与 *cd* 也必相互平行。

2. 从属性

正投影法的从属性就是若空间点在直线上,则点的投影也必然在该直线投影上的特性,如图 2-8 所示,空间点 *M* 属于直线 *AB* 上的点,则其投影 *m* 必然属于 *AB* 投影 *ab* 上的点。

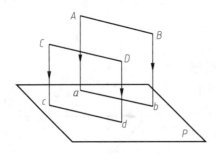
图 2-7 正投影的平行性

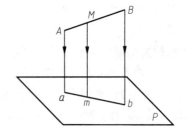
图 2-8 正投影的从属性与定比性

3. 定比性

正投影法的定比性就是空间直线上两线段之比等于其投影上对应两线段之比的特性。如图 2-8 所示,直线段 *AB* 上 *M* 点将其分成 *AM*、*MB* 两段,它们长度的比值为 *AM*:*MB*,因 *Aa*//*Mm*//*Bb*,故易得 *AM*:*MB* = *am*:*mb*。

第二节 三视图的形成及其对应关系

一、三面投影体系

用正投影法绘制物体的图形时,把人的视线假想成相互平行且垂直投影面的一组投射线,将物体在投影面上的投影称为视图(图2-9)。

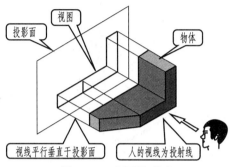

图 2-9 三视图的形成

一般情况下,用正投影法得到的单面投影是不能完全、准确地表达出物体的全部形状和结构的。如图 2-10(a)所示,三个不同结构的物体的单面投影相同。

因此,通常把物体放在三个互相垂直的平面所组成的投影面体系中,从三个不同方向,向三个投影面进行投射。由这三个互相垂直的平面所组成的投影面体系称为三面投影体系,如图 2-10(b)所示,在这个投影面体系中,将正立的投影面称为正立投影面,用 V 表示;将垂直于正立投影面的水平的投影面称为水平投影面,用 H 表示;将垂直于正立投影面和水平投影面的投影面称为侧立投影面,用 W 表示。正立投影面和水平投影面的交线为 X 轴;侧立投影面和水平投影面的交线为 Y 轴;正立投影面和侧立投影面的交线为 Z 轴;互相垂直的三个轴的交点 O 称为原点。

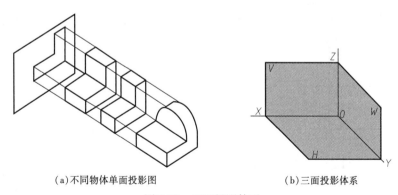

(a)不同物体单面投影图　　　　　　　(b)三面投影体系

图 2-10 三面投影体系

二、三视图形成

如图 2-11 所示,将物体适当置于三面投影体系中,分别向下、向后、向右观察,并向三个投影面进行投射,再按照上述方法展开,就得到物体的三视图。这三个视图分别为:

主视图(正面投影)——从物体的前方向后投射,在 V 面上所得到的视图。

俯视图(水平投影)——从物体的上方向下投射,在 H 面上所得到的视图。

左视图(侧面投影)——从物体的左方向右投射,在 W 面上所得到的视图。

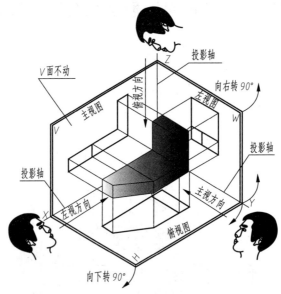

图 2-11　三视图的形成与展开

为了将三个视图画在一张图纸上,国家标准规定正立投影面保持不动,把水平投影面向下绕 OX 轴旋转 90°,把侧立投影面绕 OZ 轴向右旋转 90°,这样就得到了在同一平面上的三视图。如图 2-12(a)所示,为了简化作图,在三视图中不画投影面的边框线,视图之间的距离可根据具体情况确定,如图 2-12(b)所示。

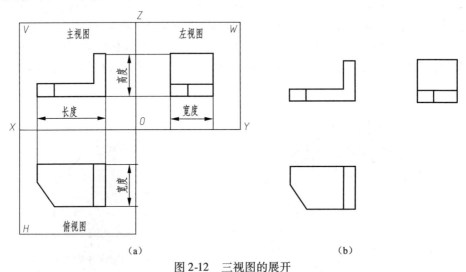

　　　　　　　　(a)　　　　　　　　　　　　　　　　　　(b)

图 2-12　三视图的展开

三、三视图的性质

物体有上、下、左、右、前、后六个方位。由图 2-13 可以看出:

(1)主视图反映物体的上、下和左、右的相对位置关系。

(2)俯视图反映物体的前、后和左、右的相对位置关系。

(3)左视图反映物体的前、后和上、下的相对位置关系。

如果把物体左右方向的尺寸称为长,前后方向的尺寸称为宽,上下方向的尺寸称为高,那么,从图2-13可以看出,主视图反映了物体的长度和高度,俯视图反映了长度和宽度,左视图反映了宽度和高度,且每两个视图之间有一定的对应关系称为投影关系。三个视图之间的投影关系为:主视图和俯视图长相等,主视图和左视图高相等,俯视图和左视图宽相等,即三视图之间的投影规律为:

主、俯视图——长对正;

主、左视图——高平齐;

俯、左视图——宽相等。

在绘制三视图时要符合这一投影规律(简称"三等"规律)。

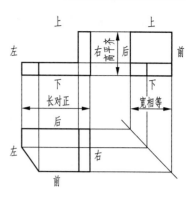

图2-13 三视图的位置关系及投影规律

第三节 点的投影

一、点在两投影面体系中的投影

两投影面体系由互相垂直相交的两个投影面组成,如图2-14所示,其中一个为水平投影面(简称水平面),以H表示,另一个为正立投影面(简称正面),以V表示。两投影面的交线称为投影轴,以OX表示。

如图2-15所示,空间点A处于第一分角,按正投影法将点A向正面和水平面投射,即由点A向正面作垂线,得垂足a',则a'称为空间点A的正面投影;由点A向水平面作垂线,得垂足a,则a称为空间点A的水平投影。画出点A的正面投射线Aa'和水平投射线Aa所确定的平面Aaa'与V、H面的交线为a'ax和aax。

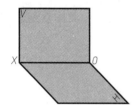

图2-14 两面投影体系

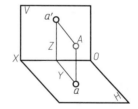

图2-15 点在两投影面体系中的投影

为了把空间点A的两个投影表示在一个平面上,保持V面不动,将H面的前半部分绕OX轴向下旋转90°、后半部分绕OX轴向上旋转90°与V面重合。则得到点A的两面投影图。擦去边界,得到点的两面投影图。投影面可以看作是没有边界的平面,故符号V、H及投影面的边界线都不需画出。

二、点在两投影面体系中的投影规律

(1)一点的水平投影和正面投影的连线垂直于OX轴。在图2-16(a)中,点A的正面投射线Aa'和水平投射线Aa所确定的平面Aaa'垂直于V和H平面。根据初等几何知识,若三个平面互相垂直,其交线必互相垂直,所以有$aa_x \perp a'a_x$、$aa_x \perp OX$和$a'a_x \perp OX$。当a随H面旋转重合于V

面时，$aa_x \perp OX$ 的关系不变。因此，在投影图上，$aa' \perp OX$。

（2）一点的水平投影到 OX 轴的距离等于该点到 V 面的距离；其正面投影到 OX 轴的距离等于该点到 H 面的距离，即 $aa_x = Aa'$；$a'a_x = Aa$。在图 2-16（a）中，因为 Aaa_xa' 是矩形，所以 $aa_x = Aa'$；$a'a_x = Aa$。

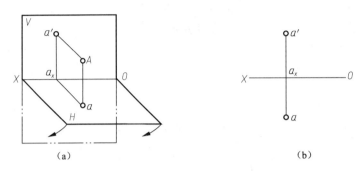

图 2-16　点在两投影面体系中的投影规律

三、点的三面投影

1. 三面投影体系中点的投影

如图 2-17（a）所示，空间点 A 在三面投影体系中，按正投影法将点 A 分别向 H、V、W 面作垂线，其垂足即为点 A 的水平投影 a、正面投影 a' 和侧面投影 a''（点的侧面投影用相应的小写字母加两撇表示）。

为了把空间点 A 的三面投影表示在一个平面上，保持 V 面不动，H 面绕 OX 轴向下旋转 90°与 V 面重合；W 面绕 OZ 轴向右旋转 90°与 V 面重合。在展开过程中，OX 轴和 OZ 轴位置不变，OY 轴被"一分为二"，其中随 H 面向下旋转与 OZ 轴重合的一半，用 OYH 表示；随 W 面向右旋转与 OX 轴重合的一半，用 OYW 表示。擦去投影面边界线，则得到 A 点的三面投影图。

2. 点的三面投影规律

如图 2-17 所示，三投影面体系可以看成由 $V \perp H$、$V \perp W$ 两个两投影面体系组成。根据点在两投影面体系中的投影规律，可知点在三投影面体系中的投影规律为：

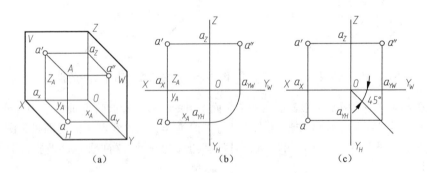

图 2-17　点在三投影面体系中的投影规律

（1）点的正面投影和水平投影的连线垂直于 OX 轴，即 $a'a \perp OX$；

（2）点的正面投影和侧面投影的连线垂直于 OZ 轴，即 $aa'' \perp OZ$；

（3）点的水平投影到 OX 轴的距离和点的侧面投影到 OZ 轴的距离都等于该点到 V 面的距离，即 $aa_x = a''a_z = Aa'$。

为了保持点的三面投影之间的关系,作图时应使 $aa' \perp OX$、$a'a'' \perp OZ$。而 $aa_x = a''a_z$ 可用图 2-17(b)所示的以 O 为圆心,aa_x 或 $a''a_z$ 为半径的圆弧,或用图 2-17(c)所示的过 O 点与水平成 45°的辅助线来实现。

根据以上规律可知,已知点的两面投影即可得到空间点距三个投影面的距离,即可得到点的空间坐标(x,y,z)。因此,已知点的两面投影可求得其第三面投影。

【例 2-1】如图 2-18 所示,已知点 A 的正面投影 a' 和侧面 a'',求作该点的水平投影 a。

【解】作图步骤如图 2-19 所示:

①自 a' 向下作 OX 轴的垂线;

②自 a'' 向下作 O_{YW} 轴的垂线与 45°辅助线交于一点,并由该交点作 O_{YH} 轴的垂线,与过 a' 垂直于 OX 轴的直线交于 a,a 即为 A 点的水平投影。

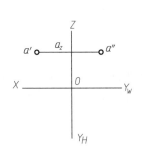

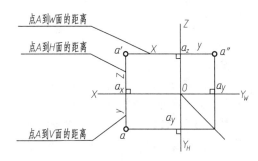

图 2-18　由点的两面投影求其第三面投影　　　图 2-19　作点的第三面投影

【例 2-2】已知点 $A(14,10,20)$,作其三面投影图。

【解】作图步骤如图 2-20 所示。

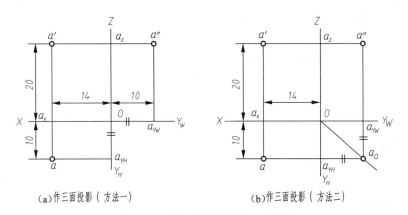

（a）作三面投影（方法一）　　　　　　（b）作三面投影（方法二）

图 2-20　已知坐标求点的三面投影

四、两点的相对位置与重影点

1. 两点的相对位置关系

空间两点在三面投影体系中的相对位置,由空间点到三个投影面的距离(即坐标关系)来确定。

提示:X 坐标值确定左、右相对位置关系,X 值大者在左边,X 值小者在右小边;Y 坐标确定前、后相对位置,Y 值大者在前边,Y 值小者在后边;Z 坐标确定上、下相对位置,Z 值大者在上边,

Z 值小者在下边。

如图 2-21 所示,A 点在 B 点的左、上、前方,B 点在 A 点的右、下、后方。

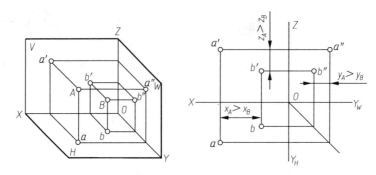

图 2-21 点的相对位置

2. 重影点

当空间两点处于同一投射线上时,它们在与该投射线垂直的投影面上的投影将相互重合,这样的投影称为重影点。重影点必然有两个坐标值是相等的,而另外一个坐标值不同。

如图 2-22 所示,A、B 两点的 x、z 坐标值相等,而 y 坐标值不相等,它们同时向 V 面进行投影时,其投影将相互重合即 $a'(b')$ 为一对重影点。

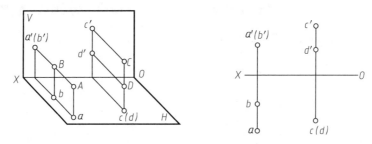

图 2-22 重影点

两点在某一投影面上的投影重合后,即产生了可见性的问题,在某投影面上重影的两点中,距离该投影面较远的点为可见的,而距离该投影面较近的点为不可见的;或比较两点在该投影面内所不能够反映的那一个坐标值的大小,坐标值大者为可见,坐标值小者为不可见。同理,C、D 两点位于 H 面的同一条投射线上,它们的水平投影 c、(d) 重合,称 C、D 两点为对 H 面的重影点,它们的 x、y 坐标分别相等,z 坐标不等。

如图 2-22 所示,由于重影点有一对坐标不相等,所以,在重影的投影中,坐标值大的点的投影会遮住坐标值小的点的投影,即坐标值大的点的投影可见,坐标值小的点的投影不可见。在投影图中,对于重影的投影,在不可见点投影的字母两侧画上圆括号。如图 2-22,A、B 两点为对 V 面的重影点,它们的正面投影重合,$y_A > y_B$,点 A 在点 B 的前方,a' 可见,表示为 a';b' 不可见,表示为 (b')。C、D 两点为对 H 面的重影点,它们的水平投影重合,$z_C > z_D$,点 C 在点 D 的上方,c 可见,表示为 c;d 不可见,表示为 (d)。

五、特殊位置的点

如图 2-23 所示,在投影面上的点,其投影有一个坐标为零,在投影面上的投影与该点重合,在相邻投影面上的投影分别在相应的投影轴上。

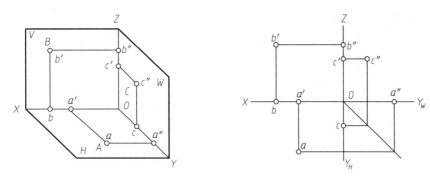

图 2-23　点在投影面上

如图 2-24 所示为在投影轴上的点,其投影有两个坐标为零,在这条轴上的两个投影重合,在另一投影面上的投影与原点 O 重合。

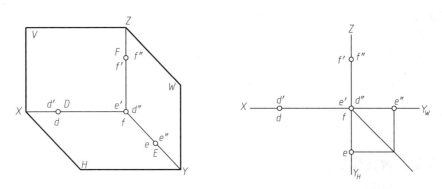

图 2-24　点在投影轴上

小提示:需要特别强调的是,虽然这些特殊位置的点有时其两个(或三个)投影重合为一点。但对这些投影点进行注明时,属于不同投影面的投影点一般应分别注明在不同的投影面内。

第四节　直线的投影

空间两点确定一条空间直线段,空间直线的投影一般也是直线。直线段投影的实质,就是线段两个端点的同面投影的连线;所以学习直线的投影,必须与点的投影联系起来。

一、直线的投影图

空间一直线的投影可由直线上的两点(通常取线段两个端点)的同面投影来确定。直线的投影一般情况下仍为直线,如图 2-25 所示的直线 AB,求作它的三面投影图时,可分别作出 A、B 两端点的投影(a、a'、a'')、(b、b'、b''),然后将其同面投影连接起来即得直线 AB 的三面投影图 (ab、$a'b'$、$a''b''$)。

二、直线对于一个投影面的投影特性

空间直线相对于一个投影面的位置有平行、垂直、倾斜三种,三种位置有不同的投影特性。

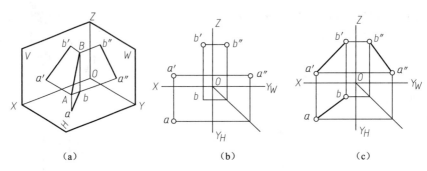

（a） （b） （c）

图 2-25　直线的投影

1. 真实性

当直线段 AB 与投影面相平行时，直线段在投影面上反映为一条与其长度相等的直线段（$AB = ab$），投影的这种性质称为真实性，如图 2-26（b）所示。

2. 积聚性

当直线段 AB 与投影面相垂直时，直线上所有的点在投影面上重合为一点，投影的这种性质称为积聚性，如图 2-26（c）所示。

3. 类似性

当直线与投影面倾斜时，则直线的投影小于直线的实长，如图 2-26（a）所示。

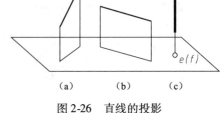

（a） （b） （c）

图 2-26　直线的投影

三、各种位置直线的投影特性

根据直线在三投影面体系中的位置可分为投影面倾斜线、投影面平行线、投影面垂直线三类。前一类直线称为一般位置直线，后两类直线称为特殊位置直线。

1. 投影面平行线

平行于一个投影面且同时倾斜于另外两个投影面的直线称为投影面平行线。平行于 V 面的称为正平线；平行于 H 面的称为水平线；平行于 W 面的称为侧平线。

直线与投影面的夹角称为直线对投影面的倾角。α、β、γ 分别表示直线对 H 面、V 面、W 面的倾角。

投影面平行线投影及特性见表 2-1。

表 2-1　投影面平行线投影及特性

名称	轴测图	投影图	投影特性
正平线			（1）$a'b' = AB$，反映 α、γ 角； （2）$ab /\!/ OX$ 轴，$a''b'' /\!/ OZ$ 轴

名称	轴测图	投影图	投影特性
水平线			$(1)\ cd = CD$，反映 β、γ 角； $(2)\ c'\,d' // OX$ 轴，$c''d'' // OY_W$ 轴
侧平线			$(1)\ e''\,f'' = EF$，反映 α、β 角； $(2)\ e'\,f'//OZ$ 轴，$ef//OY_H$ 轴

投影面平行线的投影特性：

①直线在与其平行的投影面上的投影，反映该线段的实长和与其他两个投影面的倾角；

②直线在其他两个投影面上的投影分别平行于相应的投影轴，且比线段的实长短。

对于投影面平行线的识读：当直线的投影有两个平行于投影轴，第三投影与投影轴倾斜时，则该直线一定是投影面平行线，且一定平行于其投影为倾斜线的那个投影面。

【例 2-3】如图 2-27 所示，已知空间点 A 如图 2-27(a) 所示，试作线段 AB，长度为 15，并使其平行于 V 面，与 H 面倾角 $\alpha = 30°$（只需一解）。

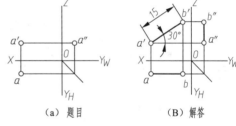

（a）题目　　　　（B）解答

图 2-27　作正平线 AB

2. 投影面垂直线

垂直于一个投影面且同时平行于另外两个投影面的直线称为投影面垂直线。垂直于 V 面的称为正垂线；垂直于 H 面的称为铅垂线；垂直于 W 面的称为侧垂线。投影面垂直线投影及特性见表2-2。

表2-2　投影面垂直线投影及特性

名称	轴测图	投影图	投影特性
正垂线			$(1)\ a'\,b'$ 积聚成一点； $(2)\ ab$ 垂直 OX 轴，$a''b''$ 垂直 OZ 轴 $ab = a''b'' = AB$
铅垂线			$(1)\ cd$ 积聚成一点； $(2)\ c'\,d'$ 垂直 OX 轴，$c''d''$ 垂直 O_{YW} 轴，$c'\,d' = c''d'' = CD$

名称	轴测图	投影图	投影特性
侧垂线	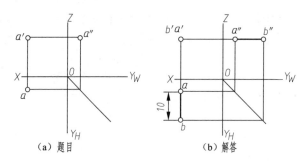		（1）$e''f''$ 积聚成一点； （2）$e'f'$ 垂直 OZ 轴，ef 垂直 OY_H 轴， $e'f' = ef = EF$

投影面垂直线的投影特性：

①直线在与其所垂直的投影面上的投影积聚成一点；

②直线在其他两个投影面上的投影分别垂直于相应的投影轴，且反映该线段的实长。

对于投影面垂直线的识读：直线的投影中只要有一个投影积聚为一点，则该直线一定是投影面垂直线，且一定垂直于其投影积聚为一点的那个投影面。

【例 2-4】如图 2-28 所示，已知正垂线 AB 的点 A 的投影，直线 AB 长度为 10 mm，试作直线 AB 的三面投影（只需一解）。

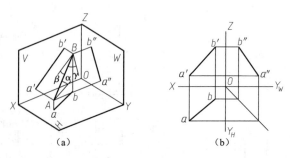

图 2-28　作正垂线 AB

3. 一般位置直线

与三个投影面都处于倾斜位置的直线称为一般位置直线。

举例：如图 2-29（a）所示，直线 AB 与 H、V、W 面都处于倾斜位置，倾角分别为 α、β、γ。其投影如图 2-29（b）所示。

图 2-29　一般位置直线

一般位置直线的投影特征可归纳为：

（1）直线的三个投影和投影轴都倾斜,各投影和投影轴所夹的角度不等于空间线段对相应投影面的倾角;

（2）任何投影都小于空间线段的实长,也不能积聚为一点。

对于一般位置直线的识读:直线的投影如果与三个投影轴都倾斜,则可判定该直线为一般位置直线。

直线投影特性见表2-3。

表2-3 直线投影特性

直线分类		直线对投影面的相对位置	
特殊位置直线	投影面平行线	平行于一个投影面, 与另外两个投影面倾斜	正平线（平行于 V 面）
			水平线（平行于 H 面）
			侧平线（平行于 W 面）
	投影面垂直线	垂直于一个投影面, 与另外两个投影面平行	正垂线（垂直于 V 面）
			铅垂线（垂直于 H 面）
			侧垂线（垂直于 W 面）
一般位置直线		与三个投影面都倾斜	

四、直线上点的投影

点在直线上,则点的各个投影必定在该直线的同面投影上,反之,若一个点的各个投影都在直线的同面投影上,则该点必定在直线上。

如图 2-30 所示直线 AB 上有一点 C,则 C 点的三面投影 c、c'、c'' 必定分别在该直线 AB 的同面投影 ab、$a'b'$、$a''b''$ 上。

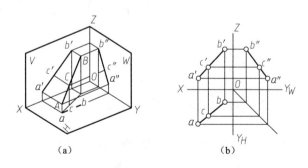

（a）　　　　　　　　　（b）

图 2-30 直线上点的投影

五、直线投影的定比性

直线上的点分割线段之比等于其投影之比,这称为直线投影的定比性。

【例2-5】如图 2-31（a）所示,已知侧平线 AB 的两投影和直线上 K 点的正面投影 k',求 K 点的水平投影 k。

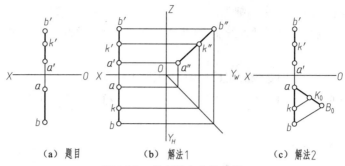

（a）题目　　　　（b）解法1　　　　（c）解法2

图 2-31　求直线上点的投影

六、两直线的相对位置

两直线的相对位置有平行、相交、交叉三种情况。

1.两直线平行

（1）特性

若空间两直线平行，则它们的各同面投影必定互相平行。如图 2-32 所示，由于 $AB /\!/ CD$，则必定 $ab /\!/ cd$、$a'b' /\!/ c'd'$、$a''b'' /\!/ c''d''$。反之，若两直线的各同面投影互相平行，则此两直线在空间也必定互相平行。

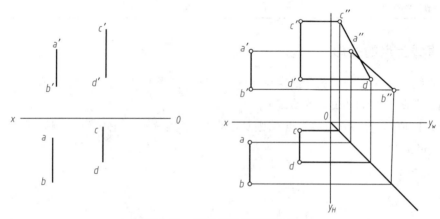

图 2-32　判断两直线是否平行

（2）判定两直线是否平行

①如果两直线处于一般位置时，则只需观察两直线中的任何两组同面投影是否互相平行即可判定。

②当两直线平行于某一投影面时，则需观察两直线在所平行的那个投影面上的投影是否互相平行才能确定两直线是否平行。如图 2-32 所示，两直线 AB、CD 均为侧平线，虽然 $ab /\!/ cd$、$a'b' /\!/ c'd'$，但不能断言两直线平行，还必需求作两直线的侧面投影进行判定，由于图中所示两直线的侧面投影 $a''b''$ 与 $c''d''$ 相交，所以可判定直线 AB、CD 不平行。

2.两直线相交

（1）特性

若空间两直线相交，则它们的各同面投影必定相交，且交点符合点的投影规律。如图 2-33 所示，两直线 AB、CD 相交于 K 点，因为 K 点是两直线的共有点，则此两直线的各组同面投影的交点 k、k'、k'' 必定是空间交点 K 的投影。反之，若两直线的各同面投影相交，且各组同面投影的交点符合点的投影规律，则此两直线在空间也必定相交。

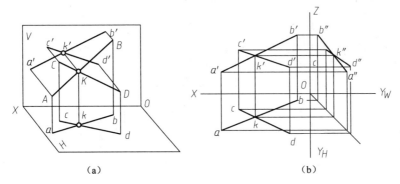

图 2-33 两直线相交

（2）判定两直线是否相交

①当两直线均为一般位置线时，则只需观察两直线中的任何两组同面投影是否相交且交点是否符合点的投影规律即可判定。

②当两直线中有一条直线为投影面平行线时，则需观察两直线在该投影面上的投影是否相交且交点是否符合点的投影规律才能确定；或者根据直线投影的定比性进行判断。如图 2-34 所示，两直线 AB、CD 两组同面投影 ab 与 cd、a'b' 与 c'd' 虽然相交，但经过分析判断，可判定两直线在空间不相交。

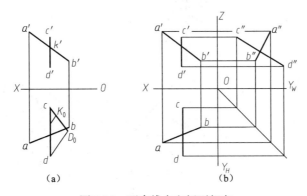

图 2-34 两直线在空间不相交

3. 两直线交叉

两直线既不平行又不相交，称为交叉两直线。

（1）特性

若空间两直线交叉，则它们的各组同面投影必不同时平行，或者它们的各同面投影虽然相交，但其交点不符合点的投影规律，反之亦然，如图 2-35 所示。

（2）判定空间交叉两直线的相对位置

空间交叉两直线的投影的交点，实际上是空间两点的投影重合点。利用重影点和可见性，可以很方便地判别两直线在空间的位置。在图 2-35（b）中，判断 AB 和 CD 的正面重影点 k'(l') 的可见性时，由于 K、L 两点的水平投影 k 比 l 的 y 坐标值大，所以当从前往后看时，点 K 可见，点 L 不可见，由此可判定 AB 在 CD 的前方。同理，从上往下看时，点 M 可见，点 N 不可见，可判定 CD 在 AB 的上方。

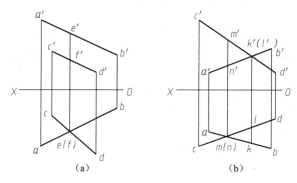

图 2-35　两直线交叉

七、直角投影定理

　　空间垂直相交的两直线,若其中的一直线平行于某投影面时,则在该投影面的投影仍为直角。反之,若相交两直线在某投影面上的投影为直角,且其中有一直线平行于该投影面时,则这两条直线在空间必互相垂直。这就是直角投影定理。

　　如图 2-36 所示。已知 $AB \perp BC$,且 AB 为正平线,所以 ab 必垂直于 bc。

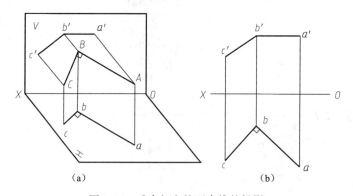

图 2-36　垂直相交的两直线的投影

　　【例 2-6】求点 A 到直线 BC 的距离, 如图 2-37(a)所示,解题步骤如图 2-37(b)所示。

　　【例 2-7】如图 2-38(a)所示,已知菱形 $ABCD$ 的一条对角线 AC 为一正平线,菱形的一边 AB 位于直线 AM 上,求该菱形的投影图,如图 2-38(b)所示。

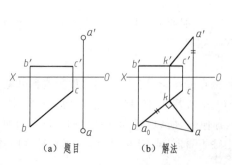

（a）题目　　（b）解法

图 2-37　求点到直线的距离

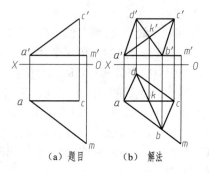

（a）题目　　（b）解法

图 2-38　求菱形的投影图

第五节　平面的投影

一、平面的表示法

平面在空间可以无限延展,几何上常用确定平面的空间几何元素表示平面,平面的投影也可以用确定该平面的几何元素的投影来表示。在投影图中可用以下两种形式表示平面。

1.一般几何元素表示法

如图 2-39 所示,在投影图上,平面的投影可以用下列任何一组几何元素的投影来表示。图 2-39(a)所示为不在同一直线上的三个点表示一平面;图 2-39(b)所示为一直线与该直线外的一点表示一平面;图 2-39(c)所示为相交两直线表示一平面;图 2-39(d)所示为平行两直线表示一平面;图 2-39(e)所示为任意平面图形(如三角形,圆等)表示一平面。

图 2-39 所示的平面的五种形式都是从第一种演变而来,它们之间可以互相转换。

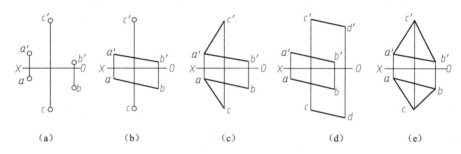

| (a) | (b) | (c) | (d) | (e) |

图 2-39　用几何元素的投影表示平面的投影

2.迹线表示法

平面与投影面的交线称为平面的迹线。迹线是属于平面的一切直线迹点的集合。在图 2-40 中,平面 P 与 H 面的交线称为水平迹线,用 P_H 表示;平面 P 与 V 面的交线称为正面迹线,用 P_V 表示;平面 P 与 W 面的交线称为侧面迹线,用 P_W 表示。P_H、P_V、P_W 之间的交点 P_X、P_Y、P_Z 称为迹线集合点,分别位于 OX、OY、OZ 轴上。

迹线是平面上的直线,完全可以用两条或三条迹线表示平面。

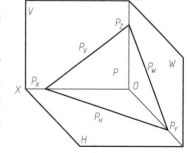

平面的迹线既属于平面,又属于投影面,因此,迹线的一个投影必然与迹线本身重合,另外两个投影分别与投影轴重合。在投影图中,一般只用与迹线本身重合的投影表示平面,不画与投影轴重合的投影。如图 2-40 所示,用 P_H、P_V、P_W 表示平面 P。

应该指出,用以上两种形式表示同一平面是可以互相转化的。用迹线表示平面实际上也是用几何元素表示平面,只不过前者是后者的特例。

图 2-40　用平面的迹线表示平面

二、各种位置平面的投影

平面根据其对应投影面的相对位置不同,可以分为三类:一般位置平面、投影面的垂直面、投影面的平行面,其中后两类统称为特殊位置平面。

1. 一般位置平面

一般位置平面是指对三个投影面既不垂直又不平行的平面,如图 2-40(a)所示。平面与投影面的夹角称为平面对投影面的倾角,平面对 H、V 和 W 面的倾角分别用 α、β 和 γ 表示。由于一般位置平面对 H、V 和 W 面既不垂直也不平行,所以它的三面投影既不反映平面图形的实形,也没有积聚性,均为类似形,如图 2-40(b)所示。

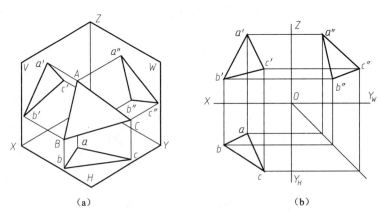

图 2-41 一般位置平面

2. 投影面的垂直面(表 2-4)

投影面的垂直面是指只垂直于某一投影面的平面。在三投影面体系中有三个投影面,所以投影面的垂直面有三种:铅垂面——只垂直于 H 面的平面、正垂面——只垂直于 V 面的平面、侧垂面——只垂直于 W 面的平面。

在三投影面体系中,投影面的垂直面只垂直于某一个投影面,与另外两个投影面倾斜。这类平面的投影具有积聚的特点,能反映对投影面的倾角,但不反映平面图形的实形。

表 2-4 投影面的垂直面

名称	直观图	投影图及其特性	
		投影图	特性
铅锤面			垂直于 H 面,倾斜于 V、W 面 水平投影有集聚性且反应 β、γ
正垂面			垂直于 V 面,倾斜于 H、W 面 正面投影有集聚性且反应 β、γ

名称	直观图	投影图及其特性	
		投影图	特性
侧垂面			垂直于 W 面,倾斜于 V、H 面 侧面投影有集聚性且反应 β、γ

总之,用平面图形表示的投影面垂直面在所垂直的投影面上的投影积聚为一条直线,这条直线与投影轴的夹角反映平面对另两个投影面的倾角;另外两个投影均为类似形。

3. 投影面的平行面

投影面的平行面是指平行于某一个投影面的平面,见表2-5。在三投影面体系中有三个投影面,所以投影面的平行面有三种:水平面——平行于 H 面的平面、正平面——平行于 V 面的平面、侧平面——平行于 W 面的平面。

表2-5 投影面的平行面

名称	直观图	投影图及其特性	
		投影图	特性
水平面			平行于 H 面,垂直于 V、W 面: ① 水平投影反映平面图形的实形; ② 正面投影和侧面投影均积聚为直线,分别平行于 OX 轴和 OY_W 轴
正平面			平行于 V 面,垂直于 H、W 面: ① 正面投影反映平面图形的实形; ② 水平投影和侧面投影均积聚为直线,分别平行于 OX 轴和 OZ 轴
侧平面			平行于 W 面,垂直于 V、H 面: ① 侧面投影反映平面图形的实形; ② 正面投影和水平投影均积聚为直线,分别平行于 OZ 轴和 OY_H 轴

总之,用平面图形表示的投影面平行面在所平行的投影面上的投影反映实形;其余两个投影均积聚为直线,且分别平行于该投影面所包含的两个投影轴。

三、平面上的点和线

1. 属于平面的点

由立体几何可知:若点属于平面,则该点必属于该平面内的一条直线;反之,若点属于平面内的一条直线,则该点必属于该平面。如图 2-42(a)所示,平面 P 由相交两直线 AB、BC 确定,M、N 两点分别属于直线 AB、BC,故点 M、N 属于平面 P。

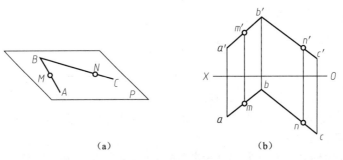

图 2-42　平面上的点

在投影图上,若点属于平面,则该点的各个投影必属于该平面内的一条直线的同面投影;反之,若点的各个投影属于平面内一条直线的同面投影,则该点必属于该平面。如图 2-42(b)所示,在直线 AB、BC 的投影上分别作 m、m'、n、n',则空间点 M、N 必属于由相交两直线 AB、BC 确定的平面。

2. 属于平面的直线

由立体几何可知:若直线属于平面,则该直线必通过该平面内的两个点,或该直线通过该平面内的一个点,且平行于该平面内的另一已知直线;反之,若直线通过平面内的两个点,或该直线通过平面内的一个点,且平行于该平面内的另一已知直线,则该直线必属于该平面。

如图 2-43(a)所示,平面 P 由相交两直线 AB、BC 确定,M、N 两点属于平面 P,故直线 MN 属于平面 P。在图 2-43(b)中,L 点属于平面 P,且 KL∥BC,因此,直线 KL 属于平面 P。

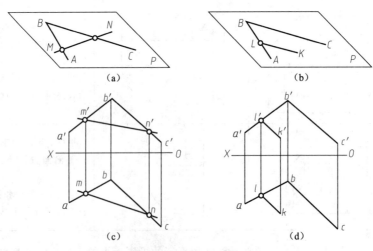

图 2-43　平面上的直线

在投影图上,若直线属于平面,则该直线的各个投影必通过该平面内两个点的同面投影,或通过该平面内一个点的同面投影,且平行于该平面内另一已知直线的同面投影;反之,若直线的各个投影通过平面内两个点的同面投影,或通过该平面内一个点的同面投影,且平行于该平面内另一已知直线的同面投影,则该直线必属于该平面。如图 2-43(c)所示,通过直线 AB、BC 上的点 M、N 的投影分别作直线 mn、$m'n'$,则直线 MN 必属于由相交两直线 AB、BC 确定的平面。如图 2-43(d)所示,通过直线 AB 上的点 L 的投影分别作直线 kl∥bc、$k'l'$∥$b'c'$,则直线 KL 必属于由相交两直线 AB、BC 确定的平面。

第六节　几何体的投影

机器上的零件,不论形状多么复杂,都可以看作是由基本几何体按照不同的方式组合而成的。

①基本几何体——表面规则而单一的几何体。按其表面性质,可以分为平面立体和曲面立体两类。

②平面立体——立体表面全部由平面所围成的立体,如棱柱和棱锥等。

③曲面立体——立体表面全部由曲面或曲面和平面所围成的立体,如圆柱、圆锥、圆球等。曲面立体也称为回转体。

一、平面立体的投影及表面取点

1. 棱柱

棱柱由两个底面和棱面组成,棱面与棱面的交线称为棱线,棱线互相平行。棱线与底面垂直的棱柱称为正棱柱。本节仅讨论正棱柱的投影。

(1)棱柱的投影

以正六棱柱为例。如图 2-44(a)所示为一正六棱柱,由上、下两个底面(正六边形)和六个棱面(长方形)组成。设将其放置成上、下底面与水平投影面平行,并有两个棱面平行于正投影面。上、下两底面均为水平面,它们的水平投影重合并反映实形,正面及侧面投影积聚为两条相互平行的直线。六个棱面中的前、后两个为正平面,它们的正面投影反映实形,水平投影及侧面投影积聚为一直线。其他四个棱面均为铅垂面,其水平投影均积聚为直线,正面投影和侧面投影均为类似形。

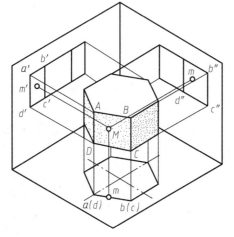

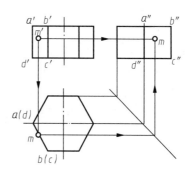

（a）立体图　　　　　　　　　　（b）投影图

图 2-44　正六棱柱的投影及表面上的点

总结正棱柱的投影特征:当棱柱的底面平行某一个投影面时,则棱柱在该投影面上投影的外轮廓为与其底面全等的正多边形,而另外两个投影则由若干个相邻的矩形线框所组成。

(2)棱柱表面上点的投影

方法:利用点所在的面的积聚性法,绘制棱柱表面上点的投影。(因为正棱柱的各个面均为特殊位置面,均具有积聚性)

平面立体表面上取点实际就是在平面上取点。首先应确定点位于立体的哪个平面上,并分析该平面的投影特性,然后再根据点的投影规律求得。

举例:如图2-44(b)所示,已知棱柱表面上点 M 的正面投影 m',求作它的其他两面投影 m、m''。因为 m' 可见,所以点 M 必在面 $ABCD$ 上。此棱面是铅垂面,其水平投影积聚成一条直线,故点 M 的水平投影 m 必在此直线上,再根据 m、m' 可求出 m''。由于 $ABCD$ 的侧面投影为可见,故 m'' 也为可见。

特别强调:点与积聚成直线的平面重影时,不加括号。

2. 棱锥

(1)棱锥的投影

以正三棱锥为例。如图2-45(a)所示为一正三棱锥,它的表面由一个底面(正三边形)和三个侧棱面(等腰三角形)围成,设将其放置成底面与水平投影面平行,并有一个棱面垂直于侧投影面。

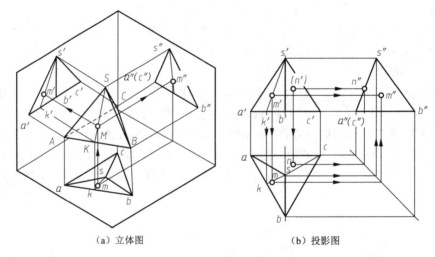

(a)立体图   (b)投影图

图2-45 正三棱锥的投影及表面上的点

由于锥底面 $\triangle ABC$ 为水平面,所以它的水平投影反映实形,正面投影和侧面投影分别积聚为直线段 $a'b'c'$ 和 $a''(c'')b''$。棱面 $\triangle SAC$ 为侧垂面,它的侧面投影积聚为一段斜线 $s''a''(c'')$,正面投影和水平投影为类似形 $\triangle s'a'c'$ 和 $\triangle sac$,前者为不可见,后者可见。棱面 $\triangle SAB$ 和 $\triangle SBC$ 均为一般位置平面,它们的三面投影均为类似形。棱线 SB 为侧平线,棱线 SA、SC 为一般位置直线,棱线 AC 为侧垂线,棱线 AB、BC 为水平线。

正棱锥的投影特征:当棱锥的底面平行于某一个投影面时,则棱锥在该投影面上投影的外轮廓为与其底面全等的正多边形,而另外两个投影则由若干个相邻的三角形线框所组成。

(2)棱锥表面上点的投影

方法:①利用点所在面的积聚性法。②辅助线法。

先确定点位于棱锥的哪个平面上,再分析该平面投影特性。若该平面为特殊位置平面,可利用投影积聚性直接求得点的投影;若该平面为一般位置平面,可通过辅助线法求得。

举例:如图2-45(b)所示,已知正三棱锥表面上点M的正面投影m'和点N的水平面投影n,求作M、N两点的其余投影。

因为m'可见,因此点M必定在$\triangle SAB$上。$\triangle SAB$是一般位置平面,采用辅助线法,过点M及锥顶点S作一条直线SK,与底边AB交于点K。图2-45中即过m'作$s'k'$,再作出其水平投影sk。由于点M属于直线SK,根据点在直线上的从属性质可知m必在sk上,求出水平投影m,再根据m、m'可求出m''。

因为点N不可见,故点N必定在棱面$\triangle SAC$上。棱面$\triangle SAC$为侧垂面,它的侧面投影积聚为直线段$s''a''(c'')$,因此n''必在$s''a''(c'')$上,由n、n''即可求出n'。

二、曲面立体的投影及表面取点

工程上常用的曲面立体的曲面是由一条母线(直线或曲线)绕定轴回转而形成回转曲面的。在投影图上表示该类曲面立体就是把围成立体的回转面或平面与回转面表示出来。

1. 圆柱

圆柱表面由圆柱面和两底面所围成。如图2-46所示,圆柱面可看作一条直母线AB围绕与它平行的轴线QQ_1回转而成。圆柱面上任意一条平行于轴线的直线,称为圆柱面的素线。

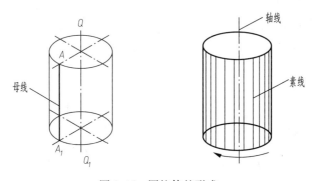

图2-46 圆柱体的形成

(1)圆柱的投影

画图时,一般常使它的轴线垂直于某个投影面。

举例:如图2-47(a)所示,圆柱的轴线垂直于侧面,圆柱面上所有素线都是侧垂线,因此圆柱面的侧面投影积聚成一个圆。圆柱左、右两个底面的侧面投影反映实形并与该圆重合。两条相互垂直的点画线,表示确定圆心的对称中心线。圆柱面的正面投影是一个矩形,是圆柱面前半部与后半部的重合投影,其左右两边分别为左右两底面的积聚性投影,上、下两边$a'a_1'$、$b'b_1'$分别是圆柱最上、最下素线的投影。最上、最下两条素线AA_1、BB_1是圆柱面由前向后的转向线,是正面投影中可见的前半圆柱面和不可见的后半圆柱面的分界线,也称为正面投影的转向轮廓素线。同理,可对水平投影中的矩形进行类似的分析。

圆柱的投影特征:当圆柱的轴线垂直于某一个投影面时,必有一个投影为圆形,另外两个投影为全等的矩形。

(2)圆柱面上点的投影

利用点所在的面的积聚性绘制圆柱面上点的投影。(因为圆柱的圆柱面和两底面均至少有

一个投影具有积聚性）

【例2-8】如图2-47(b)所示,已知圆柱面上点 M 的正面投影 m',求作点 M 的其余两个投影。

因为圆柱面的投影具有积聚性,圆柱面上点的侧面投影一定重影在圆周上。又因为 m'可见,所以点 M 必在前半圆柱面的上边,由 m'求得 m'',再由 m'和 m''求得 m。

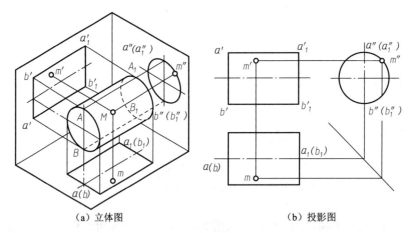

（a）立体图　　　　　　　　　（b）投影图

图 2-47　圆柱的投影及表面上的点

2. 圆锥

圆锥表面由圆锥面和底面所围成。如图 4-28 所示,圆锥面可看作是由一条直母线 SA 围绕与它平行的轴线 SO 回转而成。在圆锥面上通过锥顶的任一直线称为圆锥面的素线。

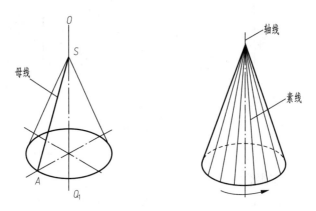

图 2-48　圆锥体的形成

（1）圆锥的投影

画圆锥面的投影时,也常使它的轴线垂直于某一投影面。

【例2-9】如图 2-49(a)所示圆锥的轴线是铅垂线,底圆是水平面,图 2-49(b)是它的投影图。圆锥的水平投影为一个圆,反映底面的实形,同时也表示圆锥面的投影。圆锥的正面、侧面投影均为等腰三角形,其底边均为圆锥底面的积聚投影。正面投影中三角形的两腰 $s'a'$、$s'c'$分别表示圆锥面最左、最右轮廓素线 SA、SC 的投影,它们是圆锥面正面投影可见与不可见的分界线。SA、SC 的水平投影 sa、sc 和横向中心线重合,侧面投影 $s''a''(c'')$与轴线重合。同理可对侧面投影中三角形的两腰进行类似的分析。

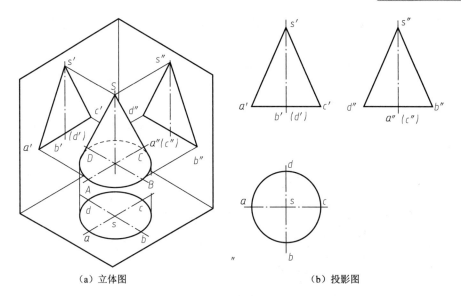

| （a）立体图 | （b）投影图 |

图 2-49　圆锥的投影

总结圆锥的投影特征:当圆锥的轴线垂直于某一个投影面时,则圆锥在该投影面上投影为与其底面全等的圆形,另外两个投影为全等的等腰三角形。

（2）圆锥面上点的投影

求做圆锥面上点的投影的方法有辅助素线法和辅助纬圆法。

【例 2-10】如图 2-50 所示,已知圆锥表面上 M 的正面投影 m',求作点 M 的其余两个投影。因为 m' 可见,所以 M 必在前半个圆锥面的左边,故可判定点 M 的另两面投影均为可见。作图方法有两种:

作法一:辅助线法。

如图 2-50（a）所示,过锥顶 S 和 M 作一直线 SA,与底面交于点 A。点 M 的各个投影必在此 SA 的相应投影上。在图 2-50（b）中过 m' 作 $s'a'$,然后求出其水平投影 sa。由于点 M 属于直线 SA,根据点在直线上的从属性质可知 m 必在 sa 上,求出水平投影 m,再根据 m、m' 可求出 m''。

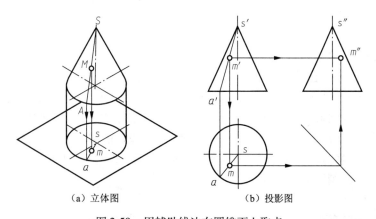

| （a）立体图 | （b）投影图 |

图 2-50　用辅助线法在圆锥面上取点

作法二:辅助圆法。

如图 2-51（a）所示,过圆锥面上点 M 作一垂直于圆锥轴线的辅助圆,点 M 的各个投影必在此辅助圆的相应投影上。在图2-51(b)中过m'作水平线$a'b'$,此为辅助圆的正面投影积聚线。辅助圆的水平投影为一直径等于$a'b'$的圆,圆心为s,由m'向下引垂线与此圆相交,且根据点M的可见性,即可求出m。然后再由m'和m可求出m''。

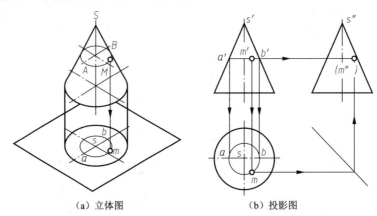

（a）立体图 （b）投影图

图2-51　用辅助线法在圆锥面上取点

3.圆球

圆球的表面是球面,如图2-52所示,圆球面可看作是一条圆母线绕通过其圆心的轴线回转而成。

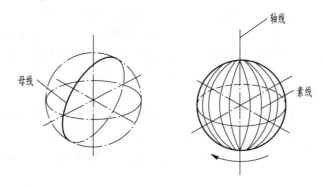

图2-52　圆球的形成

（1）圆球的投影

图2-53(a)所示为圆球的立体图,图2-53(b)所示为圆球的投影。圆球在三个投影面上的投影都是直径相等的圆,但这三个圆分别表示三个不同方向的圆球面轮廓素线的投影。正面投影的圆是平行于V面的圆素线A(它是前面可见半球与后面不可见半球的分界线)的投影。与此类似,侧面投影的圆是平行于W面的圆素线C的投影;水平投影的圆是平行于H面的圆素线B的投影。这三条圆素线的其他两面投影,都与相应圆的中心线重合,不应画出。

（2）圆球面上点的投影

方法:辅助纬圆法。

圆球面的投影没有积聚性,求作其表面上点的投影需采用辅助圆法,即过该点在球面上作一个平行于任一投影面的辅助圆。

【例2-11】如图2-54(a)所示,已知球面上点M的水平投影,求作其余两个投影。过点M作一平行于正面的辅助圆,它的水平投影为过m的直线ab,正面投影为直径等于ab长度的圆。自

m向上引垂线,在正面投影上与辅助圆相交于两点。又由于m可见,故点M必在上半个圆周上,据此可确定位置偏上的点即为m',再由m、m'可求出m'',如图 2-54(b)所示

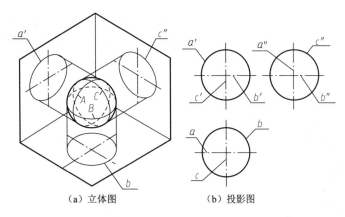

（a）立体图 （b）投影图

图 2-53 圆球的投影

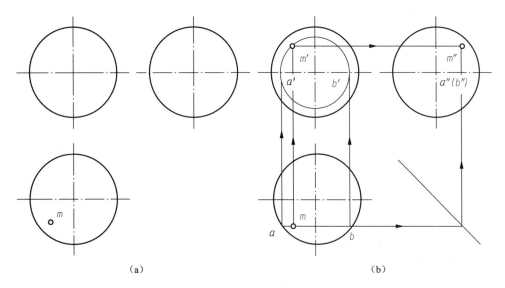

（a） （b）

图 2-54 圆球面上点的投影

4. 圆环体

圆环体由圆环面围成。圆环面是由一圆母线,绕与它共面,但不过圆心的轴线旋转形成的。

图 2-55 所示为一个轴线垂直于水平面的圆环的两面投影。BAD 半圆形成外环面,BCD 半圆形成内环面。正面投影中外环面的转向轮廓线半圆为实线,内环面的转向轮廓线半圆为虚线,上、下两条水平线是内、外环面分界圆的投影,也是圆母线上最高点 B 和最低点 D 的纬线的投影;图 2-55 中的细点画线表示轴线。水平投影中最大实线圆为母线圆最外点 A 的纬线的投影,最小实线圆为母线圆最内点 C 的纬线的投影,点画线圆表示母线圆心的轨迹。

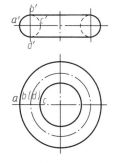

图 2-55 圆环的投影

第七节 立体表面的交线

在机件上常有平面与立体相交(平面截割立体)而形成的交线,平面与立体表面相交的交线,称为截交线。这个平面称为截平面,形体上截交线所围成的平面图形称为截断面。被截切后的形体称为截断体,如图 2-56 所示。从图 2-56 中可以看出,截交线既在截平面上,又在形体表面上,它具有如下性质:

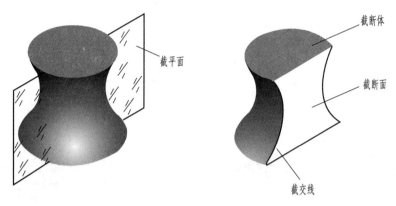

图 2-56　截交线的概念

(1)截交线上的每一点既是截平面上的点又是形体表面的点,是截平面与立体表面共有点的集合。

(2)因截交线是属于截平面上的线,所以截交线一般是封闭的平面图形。

一、平面立体与平面的交线

平面立体被截切后所得到的截交线,是由直线段组成的平面多边形。此多边形的各边是立体表面与截平面的交线,而多边形的各顶点是立体各棱线与截平面的交点。截交线既在立体表面上,又在截平面上,所以它是立体表面和截平面的共有线,截交线上的各顶点都是截平面与立体各棱线的共有点。因此,求截交线实际上是求截平面与立体各棱线的交点,或求截平面与平面立体各表面的交线。

【例 2-12】平面截切六棱柱。

作图步骤(图 2-57):

①先画出完整六棱柱的侧面投影图;

②因截平面为正垂面,六棱柱的六条棱线与截平面的交点的正面投影 1′、2′、3′、4′、5′、6′可直接求出;

③六棱柱的水平投影有积聚性,各棱线与截平面的交点的水平投影 1、2、3、4、5、6 可直接求出;

④根据直线上点的投影性质,在六棱柱的侧面投影上,求出相应点的侧面投影 1″、2″、3″、4″、5″、6″;

⑤将各点的侧面投影依次连接起来,即得到截交线的侧面投影,并判断其可见性;

⑥在图上将被截平面切去的顶面及各条棱线的相应部分去掉,并注意可能存在的虚线。

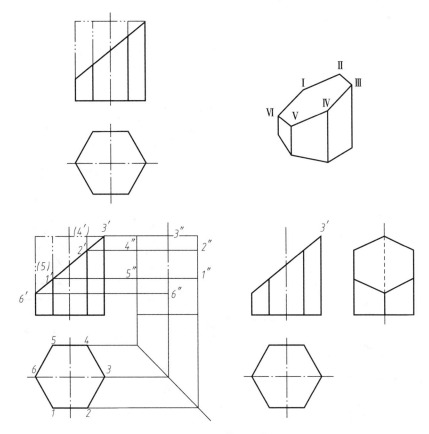

图 2-57　平面截切六棱柱

【例 2-13】 以切口三棱锥为例。

三棱锥所形成的缺口是由一个水平面和一个正垂面切割三棱锥而形成的,由于水平面和正垂面的正面投影有积聚性,故截交线的正面投影已知。因为水平截面平行于底面(图 2-58),所以它与前棱面的交线 *DE* 必平行于底边 *AB*,与后棱面的交线 *DF* 必平行于底边 *AC*。正垂面分别与前、后棱面相交于直线 *GE*、*GF*。由于两个截平面都垂直于正面,所以它们的交线 *EF* 一定是正垂线。画出这些交线的投影,也就画出了这个缺口的投影。

作图步骤:

①因为两截平面都垂直于正面,所以 *d'e'*、*d'f'* 和 *g'e'*、*g'f'* 都分别重合在它们的有积聚性的正面投影上,*e'f'* 则位于它们的有积聚性的正面投影的交点处;

②根据点在直线上的投影特性,由 *d'* 在 *sa* 上作 *d*。由 *d* 作 *de*∥*ab*、*df*∥*ac*,再分别由 *e'*、*f'* 在 *de*、*df* 上作 *e*、*f*。由 *d'e'*、*de* 和 *d'f'*、*df* 作 *d"e"*、*d"f"*,都重合在水平截面的积聚成直线的侧面投影上;

③由 *g'* 分别在 *sa*、*s"a"* 上作出 *g*、*g"*,并分别与 *e*、*f* 和 *e"*、*f"* 连成 *ge*、*gf* 和 *g"e"*、*g"f"*;

④连接 *e*、*f*,由于 *ef* 被三个棱面 *SAB*、*SBC*、*SCA* 的水平投影所遮而不可见,画成虚线;*e"f"* 则重合在水平截面的积聚成直线的侧面投影上;

⑤加粗实际存在的左棱线的 *SG*、*DA* 段的水平面和侧面投影。

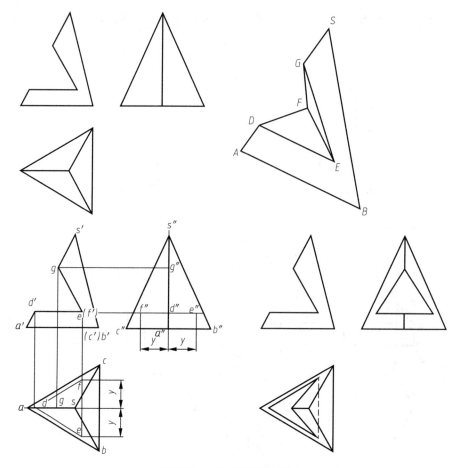

图 2-58　切口三棱锥的投影

二、曲面立体表面的交线

当平面与回转体相交时,所得的截交线是闭合的平面图形,截交线的形状取决于回转面的形状和截平面与回转面轴线的相对位置。一般为平面曲线圆、椭圆、双曲线、抛物线等,有时为曲线与直线围成的平面图形、三角形、矩形等,但当截平面与回转面的轴线垂直时,任何回转面的截交线都是圆。求回转面截交线投影的一般步骤是:

(1)分析截平面与回转体的相对位置,从而了解截交线的形状。

(2)分析截平面与投影面的相对位置,以便充分利用投影特性,如积聚性、实形性。

(3)当截交线的形状为非圆曲线时,应求出一系列共有点。先求出特殊点(大多数在回转体的转向轮廓线上),再求一般点,对回转体表面上的一般点则采用绘制辅助线的方法求得,然后光滑连接共有点,求得截交线投影。

1.圆柱的截交线

根据平面相对于圆柱轴线的位置不同,其截交线有三种情形:圆、椭圆、矩形,如图 2-59 所示。

注意:作图时,应特别留意轮廓线的投影;当截交线的投影为直线或圆时,可直接作图;当截交线为平面曲线时应先做出所有特殊点的投影,再做出一定数量的一般点的投影,最后光滑连线并判断可见性,可见的线画成粗实线,不可见的线画成虚线。

图 2-59 圆柱体截交线

在这其中,应以圆柱截切产生圆和矩形为主,熟悉求取直线的位置和长度的方法。

截交线为平面曲线时,作图步骤如图 2-60 所示。

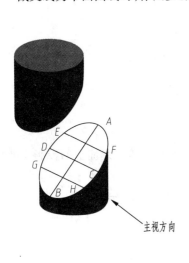 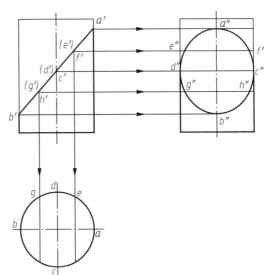

图 2-60 圆柱截切为椭圆

①作特殊点。

②以正面投影图各转向轮廓线上的 a',b',c',(d') 为特殊点,由 A、B、C、D 四点的正面投影和水平投影可做出它们的侧面投影 a'',b'',c'',d'',并且其中点 A 是最高点,点 B 是最低点。根据对圆柱截交线椭圆的长、短轴分析,可以看出垂直于正面的椭圆直径 CD 等于圆柱直径,是短轴,而与它垂直的直径 AB 是椭圆的长轴,长、短轴的侧面投影 $a''b''$,$c''d''$ 仍应互相垂直。

③作一般点。在主视图上取 $f'(e')$,$h'(g')$ 点,其水平投影,f、e、h、g 在圆柱面积聚性的投影上。因此,可求出侧面投影 f'',e'',h'',g''。一般取点的多少可根据作图准确程度的要求而定。

④依次光滑连接 a'',e'',d'',g'',b'',h'',c'',f'',a'' 即得截交线的侧面投影。

2. 圆锥的截交线

根据截平面相对圆锥轴线的位置不同,其截交线有五种情形:两相交直线(截平面过锥顶)、圆、椭圆、抛物线(截平面平行任一素线)及双曲线(截平面平行轴线),如图 2-61 所示。

（a）两相交直线　　　（b）圆　　　（c）椭圆　　　（d）抛物线　　　（e）双曲线

图 2-61 圆锥截交线

截交线为双曲线的作图步骤:求特殊点;求一般点;判别可见性;连线;整理外形轮廓线,绘制结果如图 2-62 所示。

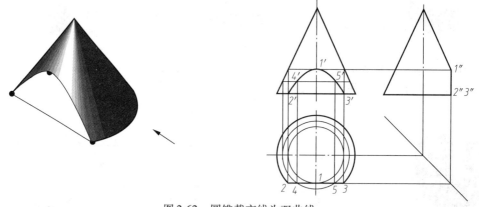

图 2-62　圆锥截交线为双曲线

3. 圆球的截交线

平面与球的截交线均为圆。当截平面平行于投影面时,截交线在该投影面上的投影反映真实大小的圆如图 2-63 所示,而另两投影则分别积聚成直线。

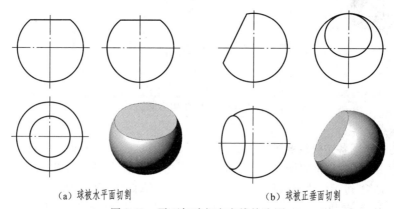

（a）球被水平面切割　　　　　　　　（b）球被正垂面切割

图 2-63　平面与球相交交线均为圆

带槽圆球的三视图如图 2-64 所示。

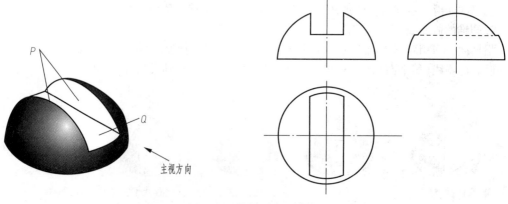

图 2-64　带槽圆球的投影

4.复合回转体表面的截交线(图2-65)

为了正确地画出复合回转体表面的截交线,首先要进行形体分析,弄清是由哪些基本体组成,平面截切了哪些立体,是如何截切的。然后逐个做出每个立体上所产生的截交线。

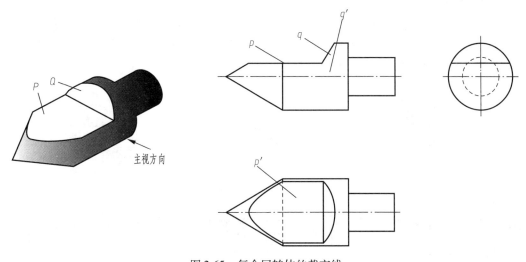

图2-65 复合回转体的截交线

三、相贯线

两回转体相交,表面产生的交线称为相贯线,如图2-66所示。当两回转体相交时,相贯线的形状取决于回转体的形状、大小及其轴线的相对位置。相贯线的性质如下:

①相贯线是两立体表面的共有线,是两立体表面共有点的集合。

②相贯线是两相交立体表面的分界线。

③一般情况下相贯线是封闭的空间曲线,特殊情况下可以是平面曲线或直线段。

根据上述性质可知,求相贯线就是求两回转体表面的共有点,将这些点光滑地连接起来,即得相贯线。求相贯线常用的方法:

①利用面上取点的方法求相贯线。

②用辅助平面法求相贯线,它是利用三面共点原理求出共有点。

本节只介绍利用面上取点的方法求相贯线。当相交的两回转体中,只要有一个是圆柱且其轴线垂直于某投影面时,则圆柱面在这个投影面上的投影具有积聚性,因此相贯线在这个投影面上的投影就是已知的。这时,根据相贯线共有线的性质,利用面上取点的方法按以下作图步骤可求得相贯线的其余投影:

①首先分析圆柱面的轴线与投影面的垂直情况,找出圆柱面积聚性投影。

②作特殊点:特殊点一般是相贯线上处于极端位置的点,为最高点、最低点、最前点、最后点、最左点、最右点,这些点通常是曲面转向轮廓线上的点,求出相贯线上特殊点,便于确定相贯线的范围和变化趋势。

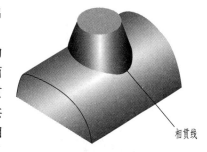

图2-66 相贯线

③作一般点,为准确作图,需要在特殊点之间插入若干一般点。

④光滑连接:只有相邻两素线上的点才能相连,连接要光滑,注意回转体投影轮廓线要到位。

⑤判别可见性:相贯线只有同时位于两个回转体的可见表面上时,其投影才是可见的。

1. 两圆柱相贯(图 2-67)

当两圆柱相贯时,两圆柱面的直径大小的变化对相贯线空间形状和投影形状变化会产生影响。这里要特别指出的是,当轴线相交的两圆柱面公切于一个球面时,两圆柱面直径相等,相贯线是平面曲线——椭圆,且椭圆所在的平面垂直于两条轴线所决定的平面。

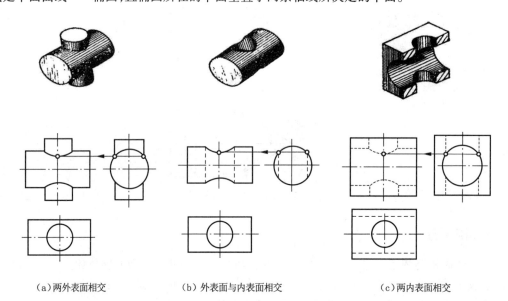

（a）两外表面相交 　　　　（b）外表面与内表面相交 　　　　（c）两内表面相交

图 2-67　两圆柱面相交的三种基本形式

2. 相贯线的特殊情况(图 2-68)

①当相交两回转体具有公共轴线时,相贯线为圆,在与轴线平行的投影面上相贯线的投影为一直线段,在与轴线垂直的投影面上的投影为圆的实形。

②当圆柱与圆柱相交时,若两圆柱轴线平行则其相贯线为直线。

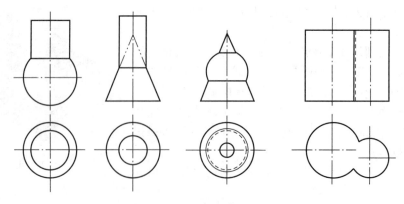

图 2-68　相贯的特殊情况

四、截交、相贯综合举例

有些形体的表面交线比较复杂,有时既有相贯线,又有截交线。画这种形体的视图时,必须注意形体分析,找出存在相交关系的表面,应用前面有关截交线和相贯线的作图知识,逐一做出各条交线的投影。

以图 2-69 所示物体为例进行介绍。

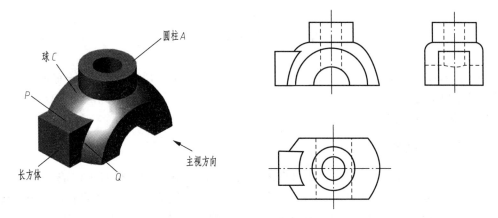

图 2-69 复合体表面综合相交

第三章　组合体

第一节　组合体的组合形式

任何机器零件从形体角度分析,都是由一些基本体经过叠加、切割或穿孔组合而成的。这种两个或两个以上的基本形体组合构成的整体称为组合体。掌握组合体画图和读图的基本方法十分重要,将为进一步读零件图和画零件图打下基础。

一、组合体的组合形式

组合体的基本组合形式有叠加型组合体和切割型组合体两种。如图 3-1(a)所示为叠加型组合体,可看成由若干基本体叠加而成;图 3-1(b)所示为切割型组合体,可看作由一个完整的基本体经过切割或穿孔形成;多数组合体则是既有叠加又有切割的综合型组合体,如图 3-1(c)所示。

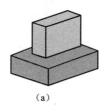　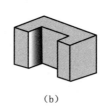　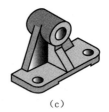

(a)　　　　　　　　　(b)　　　　　　　　　(c)

图 3-1　组合体组合形式

二、组合体中相邻两个表面之间的位置关系

要想掌握组合体视图的画法并读懂组合体的视图,首先就要了解组合体中各基本形体之间的相对位置和组合形式,以及各基本形体组合时各表面之间的连接关系。

组合体中各表面的连接关系可归纳为四种情况:共面、错位、相切、相交。

(1)共面:是指同方向的两表面平齐,即两立体表面处于同一平面内,如图 3-2(a)所示。

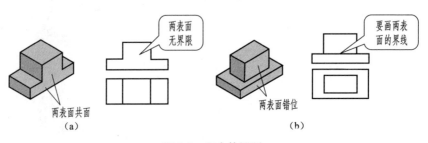

图 3-2　组合体视图

（2）错位：是指同方向的两表面不平齐，即两表面不在同一平面内，如图3-2（b）所示。

（3）相交：是指相邻两表面之间在相交处产生交线（截交线或相贯线），如图3-3（a）所示。

（4）相切：是指相邻两表面（平面与曲面或曲面与曲面）光滑过渡，如图3-3（b）所示。

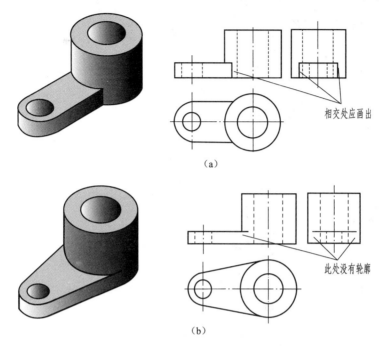

（a）

（b）

图3-3　截交线、相贯线视图与两相邻表面相切视图

第二节　组合体三视图的画法

一、组合体三视图的画法－形体分析法

复杂的组合体可看作是若干基本形体经切割和叠加组合而成的，因此，画组合体的三视图，实际就是把各基本体按一定的位置关系组合起来。如图3-4所示，支架可以看成是由底板、圆筒、凸台、耳板、肋板按一定的位置关系组合起来的。

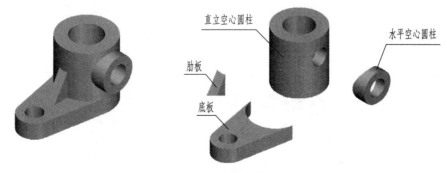

图3-4　组合体形体分析

形体分析法就是假想将空间物体分解为几个简单的形体，再对各组成部分的形状和相对位

置进行分析,并加以综合,从而形成整体认识的一种分析方法。

形体分析法是画图与看图的基本方法,概括地讲,是一种"先分后合"的分析方法。掌握形体分析法,能够建立一种形象思维,提高画图与看图的能力。

二、绘制三视图的步骤

1. 绘图准备阶段

①对组合体进行形体分析。

②选择视图。

③确定绘图比例,选定图纸幅面。

④画图框,布置视图。

2. 作图阶段

①打底稿。

②检查。

③标注尺寸。

④描深。

⑤注写尺寸数字、画箭头与填写标题栏。

三、绘图实例

【例3-1】绘制支座的三视图(图3-5)。

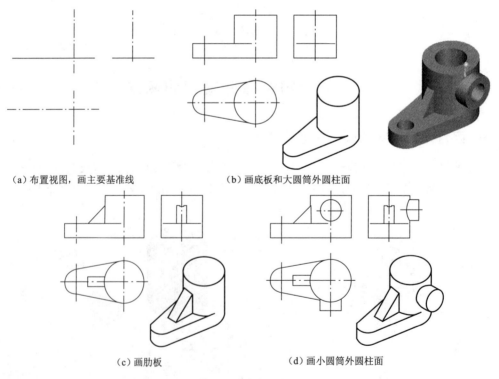

(a)布置视图,画主要基准线　　　　(b)画底板和大圆筒外圆柱面

(c)画肋板　　　　　　　　　　(d)画小圆筒外圆柱面

图3-5　支座的三视图

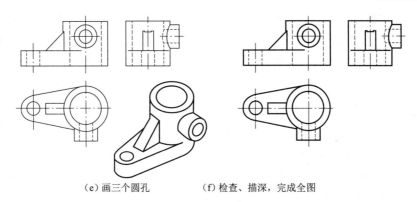

(e)画三个圆孔　　　　(f)检查、描深,完成全图

图3-5　支座的三视图(续)

第三节　组合体的尺寸注法

组合体的视图是表示其形状,它的大小是由尺寸数值来确定的。组合体的尺寸注法必须做到:

(1)所标注的尺寸数量齐全,不遗漏,不重复。

(2)尺寸的配置清晰恰当,便于看图。

(3)尺寸标注正确,符合《机械制图》国家标准中的有关规定。

总的来说,组合体的尺寸标注应齐全、清晰和正确。

一、基本几何体的尺寸注法

基本几何体的大小都是由长、宽、高三个方向的尺寸来确定,一般情况下,这三个尺寸都要标注出来。关于基本几何体的尺寸注法,如图3-6所示。有些基本几何体的三个尺寸中有两个或三个是互相关联的,如六棱柱的正六边形的对边宽与对角距相关联,则只标对边宽(或对角距)以及柱高。正六棱柱的俯视图的正六边形的对边尺寸和对角尺寸只需标注一个,如都注上,须将其中的一个作为参考尺寸用括号括起来。特例:在正六边形螺母视图中,同时注出对角距尺寸及对边距扳手开口尺寸。

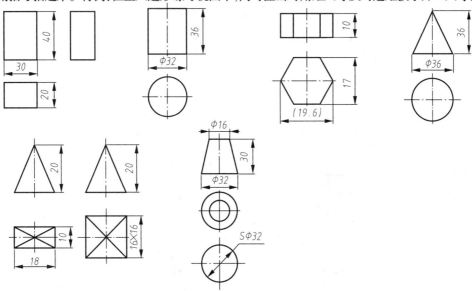

图3-6　基本几何图的尺寸注法

标注圆柱、圆锥台的尺寸时,一般在非圆视图上标注其底面(或顶、底面)直径(数值前注直径符号"φ")和高度,确定其大小,其他视图上不需标注尺寸。对于圆球,其三个尺寸相同,只要在一个视图上标注尺寸,并在直径符号"φ"前加注符号"S",以表明球面直径。带有括号的尺寸是参考尺寸。

二、切割体的尺寸标注

标注被平面截切后的立体尺寸时,除了注出基本立体的定形尺寸外,还应注出确定截平面位置的定位尺寸,如图3-7(a)所示。

立体被投影面的平行面切割,应加注一个定位尺寸;立体被投影面的垂直面切割后,应加注两个定位尺寸;立体被一般位置平面切割,则应加注三个定位尺寸。

尺寸不能标注在被平面截切的截交线上和两立体相交的相贯线上,正确的注法应是标注截平面的位置尺寸,如图3-7(a)所示。

对于相贯的立体,应加注各相贯立体之间相对位置的定位尺寸。这些尺寸注全后截交线、相贯线就随之确定了。因此截交线、相贯线上一律不注尺寸,如图3-7(b)所示。对于不完整的圆柱面、球面一般大于一半者标注直径尺寸,尺寸数字前加"φ";等于或小于一半者标注半径尺寸,尺寸数字前加"R",半径尺寸必须注在反映圆弧实际形状的视图上。

又如两圆柱体、轴线垂直相交,图3-7(b)中尺寸20、38是以轴线为基准,确定两圆柱的位置的,而尺寸8、15则是错误的,R23标注相贯线尺寸更是严重错误。

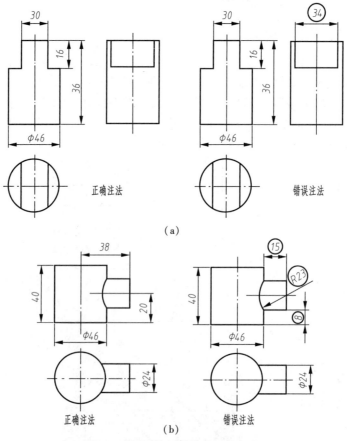

图 3-7　截交体、相贯体的标注方法

三、组合体的尺寸注法

1. 组合体的尺寸种类

从形体分析来说,组合体的尺寸有定形、定位和总体三种尺寸。

(1)定形尺寸——确定各基本形体的形状和大小尺寸。如图 3-8 所示圆柱体、棱台和球体的大小尺寸。

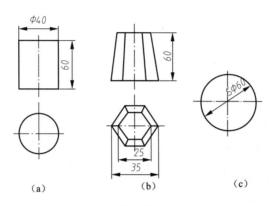

(a)　　　　　　　　(b)　　　　　　　　(c)

图 3-8　基本体尺寸标注

(2)定位尺寸——确定各基本形体间的相对位置尺寸。必须先确定长、宽、高三个方向上的尺寸基准。如图 3-9 俯视图中的定位尺寸。

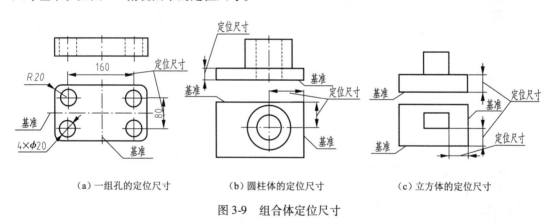

(a)一组孔的定位尺寸　　　(b)圆柱体的定位尺寸　　　(c)立方体的定位尺寸

图 3-9　组合体定位尺寸

(3)总体尺寸——组合体的总长、总宽、总高尺寸。

组合体一般需要标注总体尺寸。由于组合体定形、定位尺寸已标注完整,若再加注总体尺寸会出现重复尺寸。因此在加注总体尺寸的同时,应减去一个同方向的定形尺寸,对于共用的尺寸只标注一次。

对于组合体来说,定形尺寸和定位尺寸合起来尺寸就标注完整了。但有时总体尺寸要在图上直接注出,为了避免重复,所以要对已注的尺寸进行适当的调整,如图 3-10 所示。

2. 组合体的尺寸基准

标注或量度尺寸的起点,称为尺寸基准。在标注各形体间相对位置的定位尺寸时,必须考虑尺寸以哪里为起点去定位的问题。如图 3-9 中高度方向以底面为尺寸基准;长度方向选用左右的对称平面为尺寸基准;宽度方向以前后的对称平面为尺寸基准。标注 $4 \times \phi20$ 时,孔中心距的长度方向的定位尺寸为160;孔中心距的宽度方向的定位尺寸为80。

在选择尺寸基准和标注尺寸时应注意:

（1）在尺寸基准的数量上,物体的长、宽、高每个方向,最少要有一个。

（2）通常以组合体较重要的端面、底面、对称平面和回转体的轴线为基准。

（3）回转体的定位,一般先确定其轴线的位置。

（4）运用形体分析法标注定形尺寸,对于共用的尺寸只标注一次。定形尺寸应尺量注在反映形体特征明显的视图上,如图3-10（a）所示。

（5）对于组合体来说定形尺寸和定位尺寸合起来,尺寸就标注完整了,但有时总体尺寸要在图上直接注出,为避免重复,所以要对已注的尺寸进行适当的调整,如图3-10（b）所示。

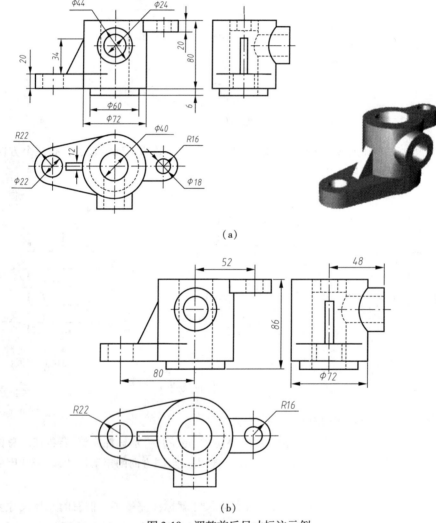

（a）

（b）

图3-10　调整前后尺寸标注示例

3. 组合体尺寸的布置

为了便于看图,尺寸的布置必须整齐、清晰,应注意如下几点:

（1）应将多数尺寸注在视图外,与两视图有关的尺寸,尽量配置在两视图之间。

（2）尺寸应布置在反映形状特征最明显的视图上，半径尺寸应标注在反映圆弧实形的视图上，且相同的圆角半径只注一次，不在符号"R"前注圆角数目，如图3-9所示的俯视图中注$R20$，不能注成$4 \times R20$。

（3）尽量不在虚线上注尺寸。

（4）尺寸线与尺寸线或尺寸界线不能相交，相互平行的尺寸应按"大尺寸在外面，小尺寸在里面"的方法布置，如图3-8（b）俯视图所示。

（5）同轴回转体的直径尺寸，最好注在非圆视图上，如图3-10中$\phi60$、$\phi72$标注在主视图上。

（6）同一形体的尺寸尽量集中标注。如图3-8（a）中圆柱体的高、直径方向的尺寸，都集中标注在主视图上。

以上各点在标注尺寸时，有些注意事项之间有时会出现相互矛盾，则应根据情况统筹兼顾、合理布置。

第四节　看组合体视图的方法

一、看组合体视图的基本知识

1.图线、图框的投影含义

组合体三视图中的图线主要有粗实线、虚线和细点画线。看图时应根据投影原理和三视图投影关系，正确分析视图中的每条图线、每个线框所表示的投影含义。

（1）视图中的粗实线（或虚线）可以表示（图3-11）：①表面与表面（两平面、两曲面、一平面和一曲面）的交线的投影。②曲面转向轮廓线在某方向上的投影。③具有积聚性的面（平面或柱面）的投影。

（2）视图中的细点画线可以表示（图3-11）：①对称平面积聚的投影。②回转体轴线的投影。③圆的对称中心线（确定圆心的位置）。

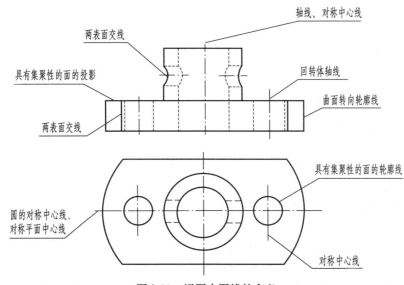

图3-11　视图中图线的含义

（3）视图中的封闭线框可以表示（图3-12）：①一个面（平面或曲面）的投影。②曲面及其相切面(平面或曲面)的投影。③凹坑、或圆柱通孔积聚的投影。

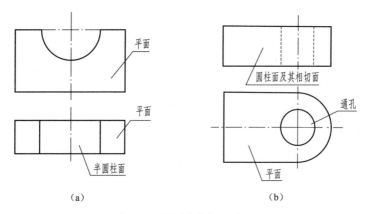

（a）　　　　　　　　　　（b）

图 3-12　视图中线框的含义

2. 三个视图联系起来看

在一般情况下,一个视图是不能完全确定物体的形状的,如图 3-13 所示的三组视图,其中主视图和俯视图完全相同,但由于左视图不同,所以,这三组三视图表达了三个不同的形体。由此可见,看图时必须把所给出的几个视图联系起来看,才能准确地想象出物体的形状。

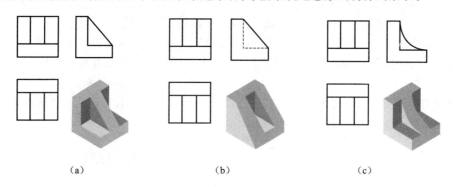

（a）　　　　　　　　（b）　　　　　　　　（c）

图 3-13　三个视图联系起来看

二、看图的方法和步骤

组合体的看图方法有形体分析法和线面分析法。

1. 形体分析看图法

形体分析法是看组合体视图的基本方法。它是指把比较复杂的视图,按线框分成几个部分,运用三视图的投影规律,分别想象出各部分所表示形体的形状、形体间的组合方式及相邻表面间的相互连接关系,最后综合起来想象出整体。

如图 3-14（a）所示,将主视图划分成 1、2、3 三个封闭线框,如图 3-14（a）所示。线框 1 的三面投影都是矩形,所以它是四棱柱,如图 3-14（b）所示。线框 2 的正面投影上为半圆下为矩形,水平和侧面投影为矩形,可见它是由半圆柱和四棱柱所组成,如图 3-14（c）所示。线框 3 的正面投影是圆,水平面和侧面投影是实、虚线组成的矩形,可判断它是个圆柱形通孔,如图 3-14（d）所示。综合起来组合体的整体形状如图 3-14（e）所示。

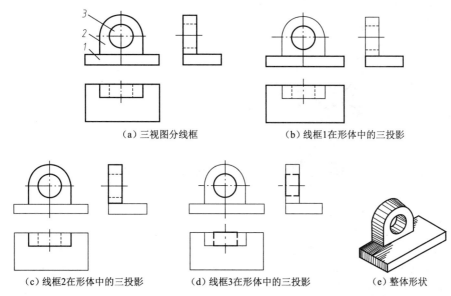

（a）三视图分线框　　　　　　　　（b）线框1在形体中的三投影

（c）线框2在形体中的三投影　　　（d）线框3在形体中的三投影　　　（e）整体形状

图 3-14　组合体的投影及形体分析法

2. 线面分析法

运用线、面的空间性质和投影规律,分析视图中图线和线框(面)所代表的意义和相对位置,从而确定其空间位置和形状,以帮助看懂视图的方法,称为线面分析法。这种方法主要用来分析视图中的局部复杂投影。

如图 3-15(a)所示投影图为挡土墙的投影。根据三面投影图可以看出,挡土墙大致由梯形块组成,具体形状可用线面分析法进行分析。如图 3-15(b)所示,特征视图(水平投影)上可划分出1、2、3 三个线框,分别找出它们在另外两个面上的对应投影,根据平面的投影特性,可知 Ⅰ 面为水平面,Ⅱ 面为侧垂面,Ⅲ 面为正垂面。由以上分析可知,该挡土墙的原始形状为一方体,用侧垂面 Ⅱ 和正垂面 Ⅲ 切去左前角而成。

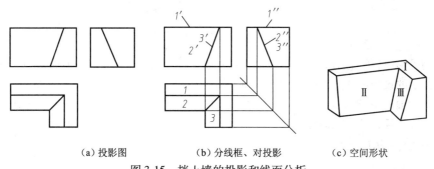

（a）投影图　　　　　　（b）分线框、对投影　　　　　　（c）空间形状

图 3-15　挡土墙的投影和线面分析

形体分析法和线面分析法是有联系的,不能截然分开。对于比较复杂的图形,可先采用形体分析法进行分析,不清楚的地方针对每一条“线段”和每一个封闭“线框”加以分析,从而明确该部分的形状,弥补形体分析的不足。也就是以形体分析法为主结合线面分析法,综合想象得出组合体的全貌。

第四章 轴测图

第一节 轴测图的基本知识

一、轴测图的形成

将空间物体连同确定其位置的直角坐标系,沿不平行于任一坐标平面的方向,用平行投影法投射在某一选定的单一投影面上所得到的具有立体感的图形,称为轴测投影图,简称轴测图,如图 4-1 所示。

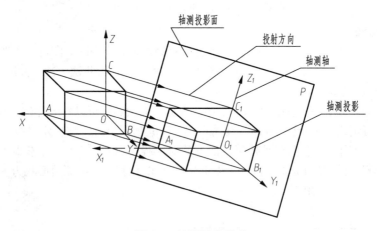

图 4-1 轴测图的形成

在轴测投影中,我们把选定的投影面 P 称为轴测投影面;把空间直角坐标轴 OX、OY、OZ 在轴测投影面上的投影 O_1X_1、O_1Y_1、O_1Z_1 称为轴测轴;把两轴测轴之间的夹角 $\angle X_1O_1Y_1$、$\angle Y_1O_1Z_1$、$\angle X_1O_1Z_1$ 称为轴间角;轴测轴上的单位长度与空间直角坐标轴上对应单位长度的比值,称为轴向伸缩系数。OX、OY、OZ 的轴向伸缩系数分别用 p_1、q_1、r_1 表示。例如,在图 4-1 中,$p_1 = O_1A_1/OA$,$q_1 = O_1B_1/OB$,$r_1 = O_1C_1/OC$。

二、轴测图的种类

1. 按照投影法分类

(1)正轴测图:正投影法而轴测投射方向(投射线)与轴测投影面垂直时投影所得到的轴测图。

(2)斜轴测图:斜投影法即轴测投射方向(投射线)与轴测投影面倾斜时投影所得到的轴测图。

2. 按照轴向伸缩系数的不同,轴测图分类

(1)正(或斜)等测轴测图:$p_1 = q_1 = r_1$,简称正(斜)等测图。

(2)正(或斜)二等测轴测图:$p_1 = r_1 \neq q_1$,简称正(斜)二测图。

（3）正（或斜）三等测轴测图：$p_1 \neq q_1 \neq r_1$，简称正（斜）三测图。

三、轴测图的基本性质

由于轴测投影属于平行投影，因此它具有平行投影的全部特性，以下几点基本特性在绘制轴测图时经常使用。

（1）物体上互相平行的线段，在轴测图中仍互相平行；物体上平行于坐标轴的线段，在轴测图中仍平行于相应的轴测轴，且同一轴向所有线段的轴向伸缩系数相同。

（2）物体上不平行于坐标轴的线段，可以用坐标法确定其两个端点然后连线画出。

（3）物体上不平行于轴测投影面的平面图形，在轴测图中变成原形的类似形。如长方形的轴测投影为平行四边形，圆形的轴测投影为椭圆等。

第二节　正等轴测图

一、正等轴测图的形成及参数

1. 形成方法

如图 4-2（a）所示，如果使三条坐标轴 OX、OY、OZ 对轴测投影面处于倾角都相等的位置，把物体向轴测投影面投射，这样所得到的轴测投影就是正等测轴测图，简称正等测图。

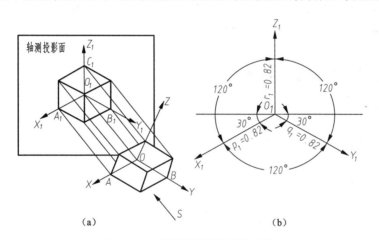

（a）　　　　　　　　　　　　（b）

图 4-2　正等轴测图的形成及参数

2. 参数

图 4-2（b）表示正等测图的轴测轴、轴间角和轴向伸缩系数等参数及画法。正等测图的轴间角均为 120°，且三个轴向伸缩系数相等。经推证并计算可知 $p_1 = q_1 = r_1 = 0.82$。为作图简便，实际画正等测图时采用 $p_1 = q_1 = r_1 = 1$ 的简化伸缩系数画图，即沿各轴向的所有尺寸都按物体的实际长度画图。但按简化伸缩系数画出的图形比实际物体放大了 $1/0.82 \approx 1.22$ 倍。

二、平面立体正等轴测图的画法

正等轴测图的基本作图方法：

（1）在三视图上建立坐标系。

（2）画出正等测轴测轴。

（3）从三视图上直接量取与坐标轴平行的线段画到轴测轴的对应位置,从而画出物体的轴测图。

1. 长方体的正等轴测图（图4-3）

根据长方体的特点,选择其中一个角顶点作为空间直角坐标系原点,并以过该顶点的三条棱线为坐标轴。先画出轴测轴,然后用各顶点的坐标分别定出长方体的八个顶点的轴测投影,依次连接各顶点即可。

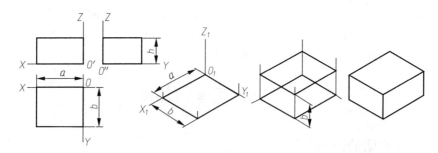

图 4-3　长方体正等测图

2. 正六棱柱的正等轴测图（图4-4）

由于正六棱柱前后、左右对称,为了减少不必要的作图线,从顶面开始作图较为方便,故选择顶面的中点作为空间直角坐标系原点,棱柱的轴线作为 OZ 轴,顶面的两条对称线作为 OX、OY 轴。然后用各顶点的坐标分别定出正六棱柱的各个顶点的轴测投影,依次连接各顶点即可。

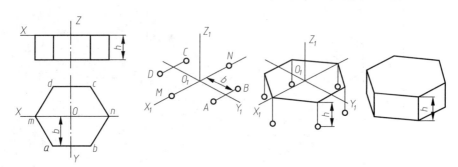

图 4-4　正六棱柱体的正等测图

3. 三棱锥的正等测图

分析:由于三棱锥由各种位置的平面组成,作图时可以先绘出锥顶和底面的轴测投影,然后连接各棱线即可。

作图:如图4-5所示。

4. 正等测图的作图方法总结

（1）画平面立体的轴测图时,首先应选好坐标轴并画出轴测轴;然后根据坐标确定各顶点的位置;最后依次连线,完成整体的轴测图。具体画图时,应分析平面立体的形体特征,一般总是先画出物体上一个主要表面的轴测图。通常是先画顶面,再画底面;有时需要先画前面,再画后面,或者先画左面,再画右面。

（2）为使图形清晰,轴测图中一般只画可见的轮廓线,避免用虚线表达。

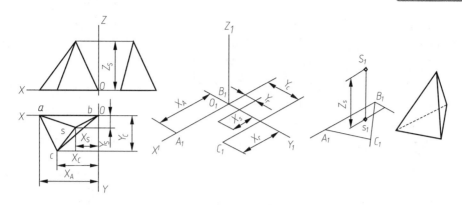

图 4-5 三棱锥正等测图

三、圆的正轴测图的画法

1. 平行于不同坐标面的圆的正等轴测图

平行于坐标面的圆的正等轴测图都是椭圆,除了长短轴的方向不同外,画法是一致的。

图 4-6 所示为三种不同位置的圆的正等轴测图。

作圆的正等轴测图时,必须弄清椭圆的长短轴方向。如图 4-6 所示(图中的菱形为与圆外切的正方形的轴测投影),椭圆长轴的方向与菱形的长对角线重合,椭圆短轴的方向垂直于椭圆的长轴,即与菱形的短对角线重合。

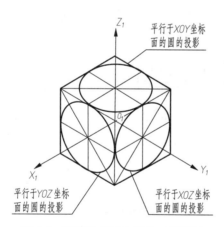

图 4-6 平行坐标面上圆的正等测图

通过分析,还可以看出,椭圆的长短轴和轴测轴有关,即:

(1)圆所在平面平行于 XOY 面时,它的轴测投影即椭圆的长轴垂直于 O_1Z_1 轴,成水平位置,短轴平行于 O_1Z_1 轴。

(2)圆所在平面平行于 XOZ 面时,它的轴测投影即椭圆的长轴垂直于 O_1Y_1 轴,向右方倾斜,并与水平线成60°角,短轴平行于 O_1Y_1 轴。

(3)圆所在平面平行于 YOZ 面时,它的轴测投影即椭圆的长轴垂直 O_1X_1 轴,向左方倾斜,并与水平线成60°角,短轴平行于 O_1X_1 轴。

概括起来就是:平行坐标面的圆(视图上的圆)的正等测投影是椭圆,椭圆长轴垂直于不包括圆所在坐标面的那根轴测轴,椭圆短轴平行于该轴测轴。

2. 用"四心圆弧法"作圆的正等测图

"四心圆弧法"画椭圆就是用四段圆弧代替椭圆。下面以平行于 H 面(即 XOY 坐标面)的圆(图 4-6)为例,说明圆的正等测图的画法。其作图方法与步骤如图 4-7 所示。

(1)画出轴测轴,按圆的外切的正方形画出菱形[图 4-7(a)]。

(2)以 A、B 为圆心,AC 为半径画两大弧[图 4-7(b)]。

(3)连 AC 和 AD 分别交长轴于 M、N 两点[图 4-7(c)]。

(4)以 M、N 为圆心,MD 为半径画两小弧;在 C、D、E、F 处与大弧连接[图 4-7(d)]。

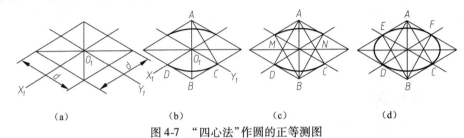

图 4-7 "四心法"作圆的正等测图

平行于 V 面(即 XOZ 坐标面)的圆、平行于 W 面(即 YOZ 坐标面)的圆的正等测图的画法都与上面类似。

四、曲面立体正等轴测图的画法

1. 圆柱和圆台的正等轴测图

如图 4-8 所示,作图时,先分别做出其顶面和底面的椭圆,再作其公切线即可。

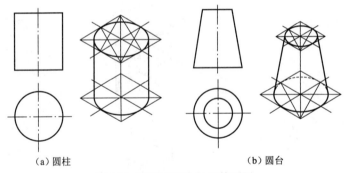

(a)圆柱　　　　　　　　　　　　　　(b)圆台

图 4-8 圆柱和圆台的正等测图

2. 圆角的正等轴测图

圆角相当于四分之一的圆周,因此,圆角的正等轴测图是近似椭圆的四段圆弧中的一段。作图如图 4-9 所示。

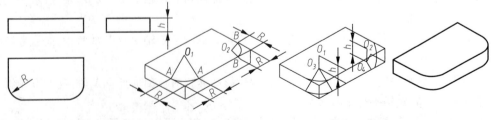

图 4-9 圆角的正等测图

第三节　斜二等轴测图

一、斜二等轴测图的形成和参数

1. 斜二等轴测图的形成

斜二等轴测图简称斜二测图如图 4-10(a)所示,如果使物体的 XOZ 坐标面对轴测投影面处于平行的位置,采用平行斜投影法得到具有立体感的轴测图就是斜轴测图,若轴向伸缩系数 $p_1 = r_1 = 1$, $q = 0.5$ 则称斜二等测轴测图,简称斜二测图。

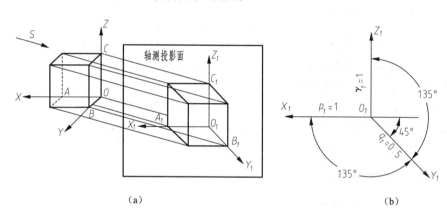

图 4-10　斜二测图的形成及参数

2. 斜二等轴测图的参数

图 4-10(b)表示斜二测图的轴测轴、轴间角和轴向伸缩系数等参数及画法。从图中可以看出,在斜二测图中,$O_1X_1 \perp O_1Z_1$ 轴,O_1Y_1 与 O_1X_1、O_1Z_1 的夹角均为 $135°$,三个轴向伸缩系数分别为 $p_1 = r_1 = 1$,$q_1 = 0.5$。

3. 斜二等轴测图的画法

斜二测图的画法与正等轴测图的画法基本相似,区别在于轴间角不同以及斜二测图沿 O_1Y_1 轴的尺寸只取实长的一半。在斜二测图中,物体上平行于 XOZ 坐标面的直线和平面图形均反映实长和实形,所以,当物体上有较多的圆或曲线平行于 XOZ 坐标面时,采用斜二测图比较方便。

(1)四棱台的斜二测图。

作图方法和步骤如图 4-11 所示。

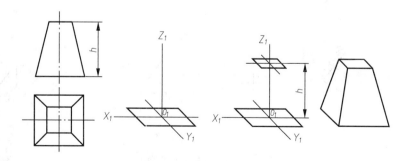

图 4-11　斜二测图的形成及参数

（2）圆台的斜二测图。

作图方法和步骤如图 4-12 所示。

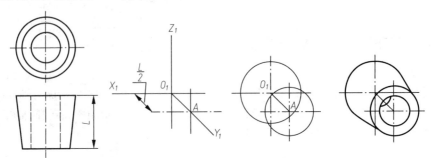

图 4-12　正四棱台的斜二测图

强调：只有平行于 XOZ 坐标面的圆的斜二测投影才反映实形仍然是圆。而平行于 XOY 坐标面和平行于 YOZ 坐标面的圆的斜二测投影都是椭圆，其画法比较复杂，此处不作讨论。

4.正等测图和斜二测图的优缺点

（1）在斜二测图中，由于平行于 XOZ 坐标面的平面的轴测投影反映实形，因此，当立体的正面形状复杂，具有较多的圆或圆弧，而在其他平面上图形较简单时，采用斜二测图比较方便。

（2）正等轴测图最为常用。优点：直观、形象，立体感强。缺点：椭圆作图复杂。

二、简单体的轴测图

画简单体的轴测图时，首先要进行形体分析，弄清形体的组合方式及结构特点，然后考虑表达的清晰性，从而确定画图的顺序，综合运用坐标法、切割法、叠加法等画出简单体的轴测图。

【例 4-1】　求作切割体［图 4-13（a）］的正等轴测图。

分析：该切割体由一长方体切割而成。画图时应先画出长方体的正等轴测图，再用切割法逐个画出各切割部分的正等轴测图，即可完成。具体作图方法和步骤如图 4-13 所示。

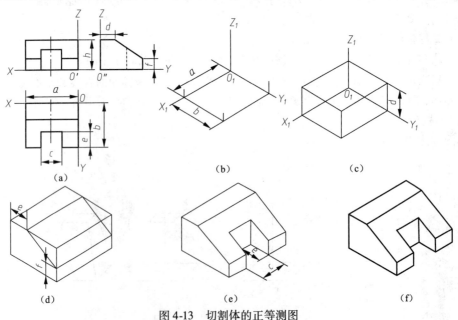

图 4-13　切割体的正等测图

【例 4-2】　求作支座［图 4-14（a）］的正等轴测图。

分析:支座由带圆角的底板、带圆弧的竖板和圆柱凸台组成。画图时应按照叠加的方法,逐个画出各部分形体的正等测图,即可完成。具体作图方法和步骤如图 4-14 所示。

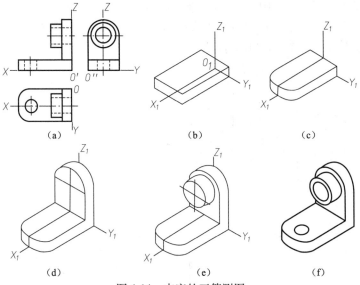

图 4-14 支座的正等测图

【例4-3】 求作相交两圆柱[图 4-15(a)]的正等轴测图。

分析:画两相交圆柱体的正等轴测图,除了应注意各圆柱的圆所处的坐标面,掌握正等轴测图中椭圆的长短轴方向外,还要注意轴测图中相贯线的画法。作图时可以运用辅助平面法,即用若干辅助截平面来切这两个圆柱,使每个平面与两圆柱相交于素线或圆周,则这些素线或圆周彼此相应的交点,就是所求相贯线上各点的轴测投影。如图 4-15(d)所示,是以平行于 $X_1O_1Z_1$ 面的正平面 R 截切两圆柱,分别获得截交线 A_1B_1、C_1D_1、E_1F_1,其交点 Ⅳ、Ⅴ 即为相贯线上的点。再作适当数量的截平面,即可求得一系列交点。

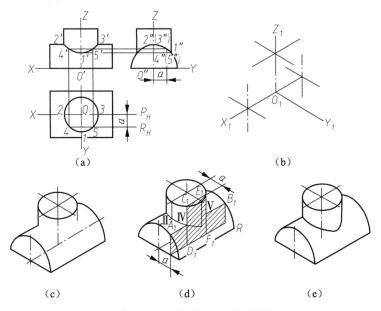

图 4-15 相交圆柱的正等测图

【例4-4】 求作端盖[图4-16(a)]的轴测图

分析:端盖的形状特点是在同一个方向的相互平行的平面上有圆。如果画成正等轴测图,则由于椭圆数量过多而显得烦琐,可以考虑画成斜二测图,作图时选择各圆的平面平行于坐标面XOZ,即端盖的轴线与Y轴重合,具体作图方法和步骤如图4-16所示。

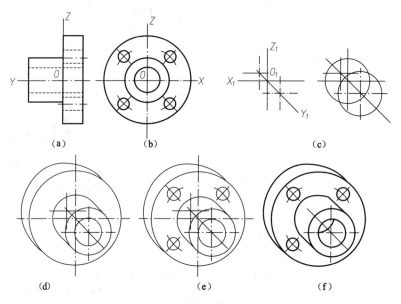

图4-16 圆盘的斜二测图

第五章　图样的基本表示法

第一节　视　图

视图就是用正投影法在多面投影体系中绘制出的物体的图形。它主要用来表达机件的外部结构形状,不可见部分在必要时用虚线画出。视图通常有基本视图、向视图、局部视图和斜视图。

一、基本视图

对于形状复杂的机件,为了完整、清晰地表达它的各方面的形状,国家标准规定,可在原有三个投影面的基础上,再增设三个投影面,组成六面体,国家标准将这六个面规定为基本投影面。

机件向基本投影面投射所得的视图,称为基本视图。基本视图具有"长对正、高平齐、宽相等"的投影规律,即主视图、俯视图和仰视图长对正,主视图、左视图、右视图和后视图高平齐,左、右视图与俯、仰视图宽相等。

基本视图除了以前介绍过的主视图、俯视图和左视图外,还有从右向左投射得到的右视图;从下向上投射得到的仰视图;从后向前投射得到的后视图。当六个基本视图按展开配置,一律不标注视图名称,基本视图展开如图 5-1 所示。

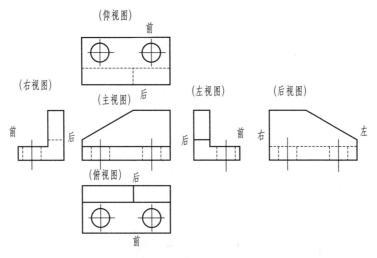

图 5-1　基本视图的展开

二、向视图

向视图需在图形上方中间位置处标注视图名称"×"("×"为大写拉丁字母,并按 A、B、C···

顺次使用,下同),并在相应的视图附近用箭头指明投射方向,注上相同字母,如图5-2所示。

向视图应用的注意点:

①六个基本视图中,优先选择主、俯、左三个视图。

②向视图是基本视图的一种表达形式,其主要区别在于视图的配置方面,表达投射方向的箭头应尽可能配置在主视图上。

③向视图的名称"X"为大写字母,方向应与正常的读图方向一致。

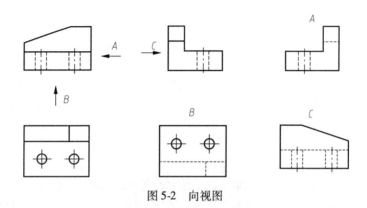

图5-2 向视图

三、局部视图

将机件的某一部分向基本投影面投射所得的视图称为局部视图。当机件只有局部形状没有表达清楚时,则没有必要画出完整的基本视图或向视图,而应采用局部视图,使表达更为简便,如图5-3所示。

画局部视图时,一般应标注,其方法与向视图相同。当局部视图按投影关系配置,中间又没有其他视图隔开时,可省略标注。

局部视图的范围(断裂)边界用波浪线表示。当所表达的局部结构是完整的,且外轮廓线又成封闭时,波浪线可省略不画。

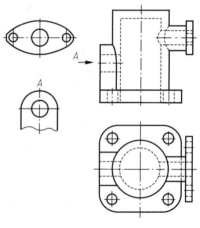

图5-3 局部视图

四、斜视图

机件向不平行于任何基本投影面的平面投射所得视图称为斜视图。

斜视图主要用于表达机件上倾斜表面的实形,为此可选用一个平行于该倾斜表面且垂直于某一基本投影面的平面作为新投影面,使倾斜部分在新投影面上反映真实形状,如图5-4所示。

斜视图通常只用于表达机件倾斜部分的实形,其余部分不必全部画出,而用波浪线断开。

斜视图一般按投影关系配置,其标注方法与向视图相同。必要时也可配置在其他适当的位置。为了便于画图,允许将图形旋转摆正画出,此时斜视图名称要带旋转符号,并且字母应写在靠近旋转符号的箭头一端。

注意:所选投影面应平行于要表达的倾斜表面;斜视图与原有基本视图之间存在投影关系;表示斜视图投射方向的箭头一定要垂直于要表达的倾斜表面。

斜视图的画法和标注规定如下:

(1)斜视图一般只需要表达机件上倾斜结构的形状,常画成局部的斜视图,其断裂边界用波浪线表示。但当所表达的倾斜结构是完整的,且外轮廓线又封闭时,波浪线可省略不画。

(2)画斜视图必须标注。在相应视图的投射部位附近用垂直于倾斜表面的箭头指明投射方向,并注上字母,并在斜视图的上方标注相同的字母(字母一律水平书写)。

(3)斜视图一般按投影关系配置,如图5-4(a)所示,必要时也可配置在其他适当位置。在不致引起误解时,允许将图形旋转,但必须加旋转符号,其箭头方向为旋转方向,字母应靠近旋转符号的箭头端。

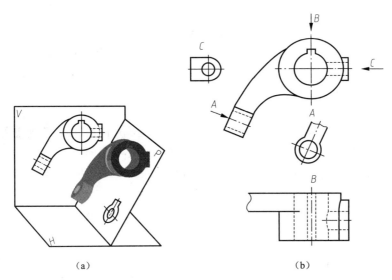

(a)　　　　　　　　　　　　(b)

图5-4　斜视图

第二节　剖 视 图

当机件内部结构比较复杂时,视图中会出现许多虚线,给看图造成困难,也不便于标注尺寸和技术要求。为此国家标准《技术制图　图样画法　剖视图和断面图》(GB/T 17452—1998)中规定了剖视图的表达方法。

一、剖视图的基本概念

假想用剖切面剖开机件,将处在观察者和剖切面之间的部分移去,将其余部分向投影面投射所得的图形,称为剖视图,简称剖视。剖视图主要用于表达机件的内部形状结构。由于将在原视图中用虚线表达的内形改为用实线表达,因此,增加了图样表达的直观性与清晰程度。

二、剖视图的画法

1.选择剖切面的位置

为了表达机件内部的真实形状,剖切平面应通过被剖切部分的基本对称面或轴线,如通过机件上孔的轴线、槽的对称面等结构,并使剖切平面平行或垂直于某一投影面。

2.变化线型

在视图改画成剖视图的过程中,图线的变化有两种情况:有些图线被去掉;有些虚线变成粗实线。一般不会增加新的图线。

3. 画剖面符号

机件上被剖切平面剖到的实体部分称为剖断面。国家标准规定,在剖断面上要画出剖面符号(剖面符号与机件采用的材料有关)。金属材料的剖面符号称为剖面线,它应画成与水平线成45°的等距细实线,剖面线向左或向右倾斜均可,但同一机件在各个剖视图中的剖面线倾斜方向应相同,间距应相等。当图形中的主要轮廓线与水平线成45°时,则该图的剖面线应画成与水平线成30°或60°的细实线。

三、剖视图的种类

剖视图可分为全剖视图、半剖视图和局部剖视图。

(1)全剖视图:用剖切平面完全地剖开机件所得的剖视图,称为全剖视图。

(2)半剖视图:当机件具有对称平面时,在垂直于对称平面的投影面上,可以以对称中心线为界,一半画成剖视,另一半画成视图,这种图形称为半剖视图,如图5-5所示。

注意事项:

①在半剖视图中,半个视图与半个剖视图的分界线应画成点画线,而不能画成实线。

②在剖视图中已表示清楚的机件内形,在对称的视图中不必再画虚线表示。

(3)局部剖视图:用剖切平面局部地剖开机件所得的剖视图,称为局部剖视图,如图5-6所示。

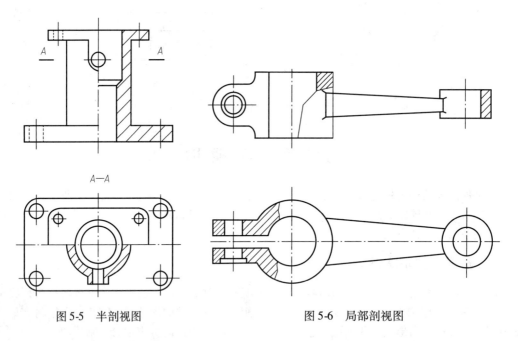

图5-5　半剖视图　　　　　　　　　图5-6　局部剖视图

四、剖切面和剖切方法

剖切面的位置和数量的选择,取决于机件的结构特点。常见的剖切平面如下:

1. 单一剖切面

(1)平行于某一基本投影面的剖切平面。

(2)用柱面剖切机件时,剖视图应按展开绘制。

(3)用不平行于任何基本投影面的剖切平面剖开机件的方法习惯上称为斜剖。斜剖常用来表达与基本投影面倾斜的内部结构形状,如图5-7所示。

2.几个平行的剖切平面

用几个平行的剖切平面剖开机件的方法习惯上称为阶梯剖。阶梯剖常用于内部层次较多的机件,如图5-8所示。

3.几个相交的剖切平面

用几个相交的剖切平面(交线垂直于某一基本投影面)剖开机件的方法习惯上称为旋转剖。旋转剖常用于盘盖类等具有明显回转轴线的零件,如图5-9所示。

如前所述的三种剖切平面可独立使用,获得全剖视图、半剖视图或局部剖视图。但有些机件用上述三种剖切平面剖切不能满足需要,则可将剖切平面综合使用,这种用组合的剖切平面剖切机件的方法习惯上称为复合剖。

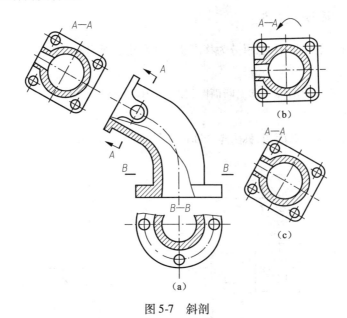

图 5-7　斜剖

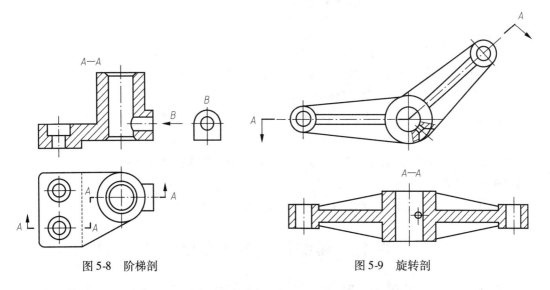

图 5-8　阶梯剖　　　　　　　　　　图 5-9　旋转剖

第三节 断 面 图

一、断面图的概念

假想用剖切面将机件的某处切断,仅画出该剖切面与物体接触部分的图形,称为断面图,简称断面。

断面图常用来表达机件某一部分的断面形状,如机件上的肋板、轮辐、孔、键槽、杆件和型材的断面等。

二、断面图的画法及标注

断面图按其配置的位置不同,可分为移出断面图和重合断面图两种。

1. 移出断面图

画在视图外面的断面图称为移出断面图,如图5-10所示。

2. 重合断面图

画在视图轮廓线内的断面图,称为重合断面图,如图5-11所示。

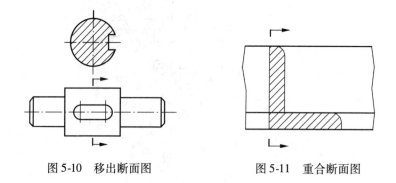

图 5-10 移出断面图   图 5-11 重合断面图

三、断面图的标注

①移出断面一般应用剖切符号表示剖切位置,用箭头表示投射方向,并注上字母,在断面图的上方,用同样的字母标出相应的名称"X—X"。

②配置在剖切符号延长线上的不对称移出断面,应省略字母。配置在剖切符号上的不对称重合断面,不必标注字母。

③不配置在剖切符号延长线上的对称移出断面,以及按投影关系配置的对称移出断面,均可省略箭头。

④对称的重合断面,配置在剖切平面迹线的延长线上的对称移出断面,可以完全不标注。

第四节 局部放大图和简化画法

为保证图形清晰和作图简便,国家标准还规定了局部放大图、简化画法和规定画法等表达方法,现分述如下。

一、局部放大图

将机件的部分结构,用大于原图形所采用的绘图比例画出的图形称为局部放大图。

二、简化画法

简化画法通常包括简化画法、规定画法和示意画法等表达方法,现简要介绍如下。

①断面图的简化画法:在不致引起误解时,零件图中的移出断面图允许省略剖面符号,但剖切位置与断面图的标注仍按规定标注。

②相同要素的简化画法:当机件具有若干相同结构(齿、槽等),并按一定规律分布时,可只画出几个完整的结构,其余用细实线连接,在零件图中注明该结构的总数。

③网状物及滚花等示意画法:网状物、编织物或机件上的滚花部分可在轮廓线附近用细实线示意画出。

④平面的表示法:当图形不能充分表达平面时,可用平面符号(相交的两细实线)表示。

⑤局部视图的规定画法:机件上的对称结构的局部视图,可以不画出相贯线。

⑥剖视图中的规定画法:对机件上的肋、轮辐及薄壁等结构,如按纵向剖切,不画剖面符号,而用粗实线将它与相邻接部分分开。

⑦倾斜圆的规定画法:机件上与投影面倾斜角小于或等于30°的圆或圆弧,其投影可以用圆或圆弧代替。

⑧斜度不大的结构的规定画法:机件上斜度不大的结构,若在一个视图中已表达清楚时,其他图形可按小端画出。

⑨较长机件折断的规定画法:较长的机件(如轴、杆、型材等)沿长度方向的形状一致或按一定规律变化时,可断开后缩短绘制,但尺寸应标注实长。

⑩细小结构的简化画法:机件上细小的结构,若在一个图形中已表示清楚,则其他图形可简化或省略。

⑪小圆角的简化画法:在不致引起误解时,零件图中的小圆角、锐边的小倒圆或45°小倒角允许省略不画,但必须注明尺寸或在技术要求中加以说明。

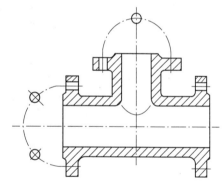

图5-12　法兰盘上均布的孔

⑫法兰的规定画法:圆柱形法兰和与其类似的物体上均匀分布的孔,可按图5-12所示的方法绘制出。

第五节　第三角画法简介

用多面正投影图表示物体时,国际上通用两种表示法:第一角投影(又称"第一角画法")和第三角投影(又称"第三角画法")。第一角和第三角是如何划分的呢? 用水平和铅垂的两个投影面将空间划分为四个区域,每个区域称为分角,并按顺序编号为第一、第二、第三、第四分角,如图5-13所示。

一、第三角投影

将物体置于第一分角内,并使其处于观察者与投影面之间而得到的多面投影称为第一角投影。

在第一角投影中,观察者、物体、投影面三者之间的位置关系是:观察者→物体→投影面。为了区别第一角投影和第三角投影,特规定第一角投影的识别符号如图 5-14 所示。

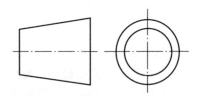

图 5-13　第一角投影　　　　　　　图 5-14　第一角投影的识别符号

若将物体置于第三分角内,并使投影面处于观察者与物体之间而得到的多面投影称为第三角投影(第三角画法),如图 5-15 所示。

在第三角投影中,观察者、物体、投影面三者之间的位置关系是:观察者→投影面→物体。第三角投影的识别符号为如图 5-16 所示。

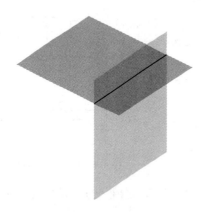

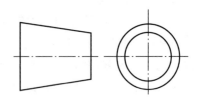

图 5-15　第三角投影　　　　　　　图 5-16　第三角投影的识别符号

二、第三角投影的基本视图

图 5-17 所示为物体第三角投影的基本视图及其投影面的展开方式。

第三角投影的展开方式与第一角投影相同,即正立投影面不动,其他投影面依次展开。将投影面展开后,各视图之间的配置关系如图 5-18 所示。

以主视图为基准,俯视图在主视图的上方,左视图在主视图的左方,右视图在主视图的右方,仰视图在主视图的下方,后视图在主视图的右方。

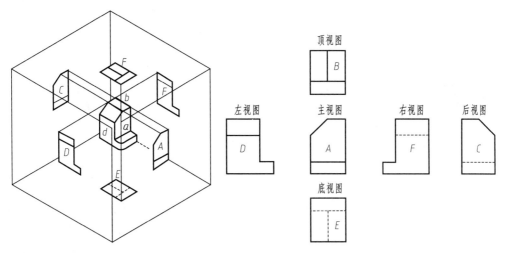

图 5-17 第三角投影基本视图　　　　　　图 5-18 第三角投影的视图配置

基本视图之间的对应关系如下：

（1）度量对应关系：各视图之间仍遵守"三等"规律。主、俯、仰、后视图等长；主、左、右、后视图等高；左、右、俯、仰视图等宽。

（2）方位对应关系：左、右、俯、仰视图靠近主视图的一侧为物体的前面，而远离主视图的一侧为物体的后面。

三、第三角投影与第一角投影的比较

二者都是采用正投影法，故均遵守正投影的规律，如"三等"规律。

二者的差别主要有两点：

（1）各视图之间的位置对应关系不同（图 5-19、图 5-20）

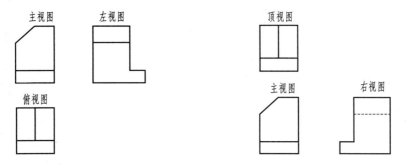

图 5-19 第一角投影视图位置对应关系　　　图 5-20 第三角投影视图位置对应关系

（2）各视图之间的方位对应关系不同。

在第一角投影中，俯视图靠近主视图的一侧为物体的后面，而在第三角投影中，俯视图靠近主视图的一侧为物体的前面。

第六章　图样中的特殊表示法

第一节　螺　纹

螺纹是在圆柱或圆锥表面上,沿着螺旋线形成的具有相同剖面形状(如等边三角形、正方形、梯形、锯齿形……)的连续凸起和沟槽。在圆柱或圆锥外表面所形成的螺纹称为外螺纹,在圆柱或圆锥内表面所形成的螺纹称为内螺纹。用于连接的螺纹称为连接螺纹;用于传递运动或动力的螺纹称为传动螺纹。

一、螺纹的形成和基本要素

1. 螺纹的形成

各种螺纹都是根据螺旋线原理加工而成,螺纹加工大部分采用车床加工,如图 6-1 所示。也可以先在工件上钻孔,再用丝锥攻制或板牙套制而成,如图 6-2 所示。

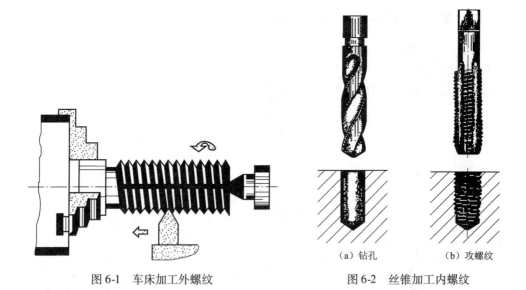

图 6-1　车床加工外螺纹　　　　图 6-2　丝锥加工内螺纹

（a）钻孔　　　　　（b）攻螺纹

2. 螺纹的直径(图 6-3)

大径 d、D:指与外螺纹的牙顶或内螺纹的牙底相切的假想圆柱或圆锥的直径。内螺纹的大径用大写字母表示,外螺纹的大径用小写字母表示。

小径 d_1、D_1:指与外螺纹的牙底或内螺纹的牙顶相切的假想圆柱或圆锥的直径。

中径 d_2、D_2:指一个假想的圆柱或圆锥直径,该圆柱或圆锥的母线通过牙型上沟槽和凸起宽度相等的地方。

公称直径:代表螺纹尺寸的直径。

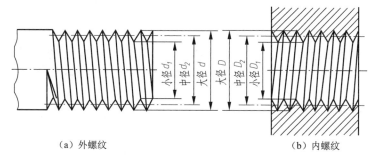

（a）外螺纹　　　　　　　　　　　　（b）内螺纹

图 6-3　螺纹的直径

3. 线数

形成螺纹的螺旋线条数称为线数,线数用字母 n 表示。沿一条螺旋线形成的螺纹称为单线螺纹,沿两条以上螺旋线形成的螺纹称为多线螺纹,如图 6-4 所示。

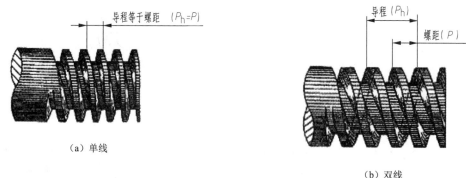

（a）单线　　　　　　　　　　　　　　（b）双线

图 6-4　单线螺纹和双线螺纹

4. 螺距和导程

相邻两牙在中径线上对应两点间的轴向距离称为螺距,螺距用字母 P 表示;同一螺旋线上的相邻两牙在中径线上对应两点间的轴向距离称为导程,导程用字母 P_h 表示,如图 6-4 所示。线数 n、螺距 P 和导程 P_h 之间的关系为: $P_h = P \times n$。

5. 旋向

螺纹分为左旋螺纹和右旋螺纹两种。顺时针旋转时旋入的螺纹是右旋螺纹;逆时针旋转时旋入的螺纹是左旋螺纹,如图 6-5 所示。工程上常用右旋螺纹。

国家标准对螺纹的牙型、大径和螺距做了统一规定。这三项要素均符合国家标准的螺纹称为标准螺纹;牙型不符合国家标准的螺纹称为非标准螺纹;只有牙型符合国家标准的螺纹称为特殊螺纹。

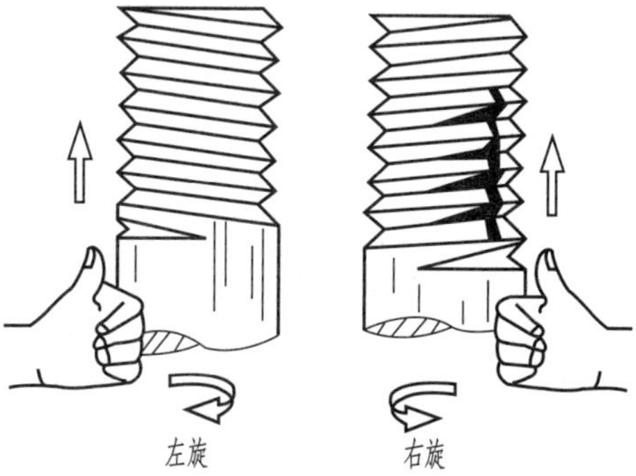

图 6-5　螺纹的旋向

二、螺纹的规定画法和标注

1. 螺纹的规定画法

螺纹一般不按真实投影作图,而是采用《机械制图　螺纹及螺纹紧固件表示法》(GB/T

4459.1—1995）国家标准规定的画法以简化作图过程。

（1）外螺纹的画法

外螺纹的大径用粗实线表示，小径用细实线表示。螺纹小径按大径的 0.85 绘制。在非圆视图中，小径的细实线应画入倒角内，螺纹终止线用粗实线表示，如图 6-6（a）所示。当需要表示螺纹收尾时，螺纹尾部的小径用与轴线成 30°的细实线绘制，如图 6-6（b）所示。在反映圆的视图中，表示小径的细实线圆只画约 3/4 圈，螺杆端面上的倒角圆省略不画，如图 6-6（a）（b）（c）所示。剖视图中的螺纹终止线和剖面线画法如图 6-6（c）所示。

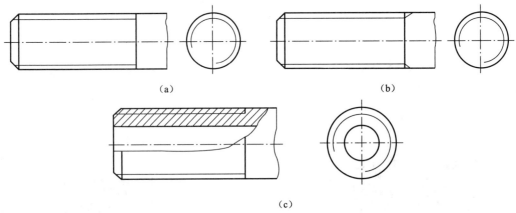

（a）   （b）

（c）

图 6-6　外螺纹画法

（2）内螺纹的画法

内螺纹通常采用剖视图表达，在非圆视图中，大径用细实线表示，小径和螺纹终止线用粗实线表示，且小径取大径的 0.85，注意剖面线应画到粗实线；若是盲孔，螺纹终止线到孔的末端的距离可按 0.5 倍大径绘制；在反映圆的视图中，大径用约 3/4 圈的细实线圆弧绘制，孔口倒角圆不画，如图 6-7（a）（b）所示。当螺孔相交时，其相贯线的画法如图 6-7（c）所示。当螺纹的投影不可见时，所有图线均画成细虚线，如图 6-7（d）所示。

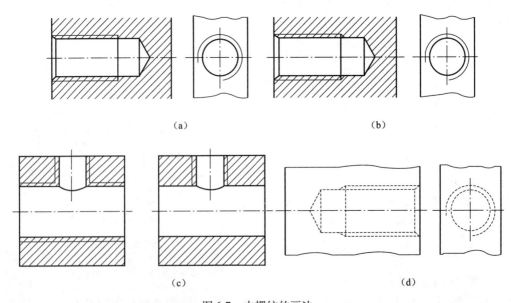

（a）   （b）

（c）   （d）

图 6-7　内螺纹的画法

（3）内、外螺纹旋合的画法

只有当内、外螺纹的五项基本要素相同时,内、外螺纹才能旋合。用剖视图表示螺纹连接时,旋合部分按外螺纹的画法绘制,未旋合部分按各自原有的画法绘制,如图6-8 和图6-9 所示。画图时必须注意:表示内、外螺纹大径的细实线和粗实线,以及表示内、外螺纹小径的粗实线和细实线应分别对齐;在剖切平面通过螺纹轴线的剖视图中,实心螺杆按不剖绘制。

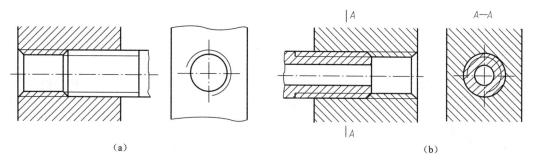

图6-8　内、外螺纹旋合画法

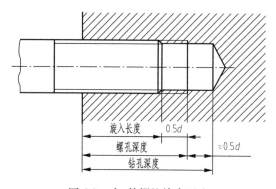

图6-9　内、外螺纹旋合画法

（4）螺纹牙型的表示法

螺纹的牙型一般不需要在图形中画出,当需要表示螺纹的牙型时,可按图6-10 的形式绘制。

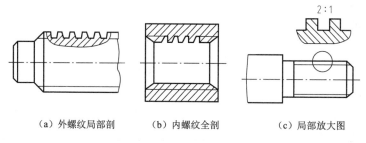

（a）外螺纹局部剖　　　（b）内螺纹全剖　　　（c）局部放大图

图6-10　螺纹牙型的表示法

（5）圆锥螺纹画法

具有圆锥螺纹的零件,其螺纹部分在投影为圆的视图中,只需画出一端螺纹视图,如图6-11 所示。

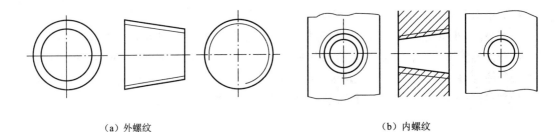

（a）外螺纹 （b）内螺纹

图 6-11 圆锥螺纹的画法

2. 螺纹的标注

由于螺纹采用规定画法,因此各种螺纹的画法都是相同的。所以,不同螺纹的种类和要素只能通过标注来区分。国家标准规定,标准螺纹应在图上注出相应标准所规定的螺纹标记。螺纹标记的标注形式一般为:

特征代号　公称直径 × 导程（P 螺距）旋向 – 公差带代号 – 旋合长度代号。

无论何种螺纹,左旋螺纹均应注写旋向代号 LH,右旋螺纹不注旋向,单线螺纹只注螺距,多线螺纹则注 P_h 导程,P 螺距,具体注法见表 6-1。

普通螺纹标记示例:

M20 × 2 – 5g6g – s – LH

LH 旋向:LH 左旋(右旋不注旋向);

旋合长度:S 短旋合(中等旋合长度不注 N);

顶径公差带代号 6g;

中径公差带代号 5g(中等公差精度 6H、6g 不注公差带代号);

螺距 2 mm(粗牙螺纹不注螺距);

公称直径:20 mm;

螺纹特征代号:M(普通螺纹)。

表 6-1 螺纹注法

螺纹类型	特征代号	标注示例	说　明
粗牙普通螺纹 GB/T 197—2003	M	M10-6g 公差带代号 公称直径 螺纹特征代号	右旋不注旋向
细牙普通螺纹 GB/T 197—2003	M	M10 × 1LH 旋向(左) 螺距 螺纹特征代号	①注螺距; ②左旋应注旋向
梯形螺纹 GB/T 5796.2—2005	Tr	Tr32 × 12(p6)LH 旋向(左) 导程(p 螺距) 公称直径 螺纹特征代号	①多线螺距注成导程(P 螺距); ②左旋应注旋向

螺纹类型	特征代号	标注示例	说　明
锯齿形螺纹 GB/T 13567. 2—2008	B	B40×6LH 旋向(左) 螺距 公称直径 螺纹特征代号	单线注螺距
非螺纹密封的圆柱管螺纹 GB/T 7307—2001	G	G1A 公差等级代号 公称直径 螺纹特征代号	右旋不注旋向
用螺纹密封的管螺纹 GB/T 7306—2000	R(圆锥外螺纹) Rc(圆锥内螺纹)	Rc1/2 公称直径 螺纹特征代号	同上

注:①螺纹特征代号和公称直径都必须标注。除管螺纹外,公称直径一般指螺纹大径的基本尺寸,单位:mm。
　　②粗牙普通螺纹和管螺纹的公称直径与螺距一一对应,因此规定不注螺距。
　　③细牙普通螺纹、梯形螺纹和锯齿形螺纹,由于同一公称直径可有几种不同的螺距,所有必须注出螺距。
　　④单线螺纹和右旋螺纹应用较多,规定不必注明线数和旋向,左旋螺纹应注"LH"。

对于特殊螺纹应在牙型符号前加注"特"字,对于非标准螺纹,则应画出螺纹的牙型,并注出所需要的尺寸及有关要求。

第二节　螺纹紧固件

螺纹的常见用途是制成螺纹连接件使用。螺纹连接件是标准件,不画零件图,只画装配图。常见的螺纹连接形式有:螺栓连接、双头螺柱连接和螺钉连接。

一、常用螺纹连接件的种类和标记

常用的螺纹连接件有螺栓、双头螺柱、螺钉、螺母、垫圈等,如图 6-12 所示。它们的结构、尺寸都已标准化。使用时,可从相应的标准中查出所需的结构和尺寸。标准的螺纹连接件标记的内容有:名称、标准编号、螺纹规格×公称长度,常用螺纹连接件的标记示例见表6-2。

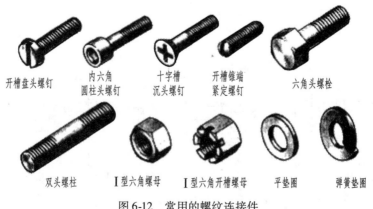

开槽盘头螺钉	内六角 圆柱头螺钉	十字槽 沉头螺钉	开槽锥端 紧定螺钉	六角头螺栓

| 双头螺柱 | Ⅰ型六角螺母 | Ⅰ型六角开槽螺母 | 平垫圈 | 弹簧垫圈 |

图 6-12　常用的螺纹连接件

表 6-2　常用螺纹连接件的标记示例

名　称	标记示例	标记形式	说　明
螺栓	螺栓　GB/T 5782—2000 M10×50	名称　标准编号 螺纹代号×公称长度	螺纹规格 d = M10、公称长度 l = 50 mm（不包括头部）的六角头螺栓
双头螺柱	螺柱　GB/T 898—1998 M12×40	名称　标准编号 螺纹代号×公称长度	螺纹规格 d = M12、公称长度 l = 40 mm（不包括旋入端）的双头螺柱
螺母	螺母　GB/T 6170—2000 M16	名称　标准编号 螺纹代号	螺纹规格 D = M16 的六角螺母
平垫圈	垫圈　GB/T 97.2—1985 16-140 HV	名称　标准编号 公称尺寸—性能等级	公称尺寸 d = 16 mm、性能等级为 140 HV、不经表面处理的平垫圈
弹簧垫圈	垫圈　GB/T 93—1987 20	名称　标准编号　规格	规格（螺纹大径）为 20 mm 的弹簧垫圈
螺钉	螺钉　GB/T 65—2000 M10×40	名称　标准编号 螺纹代号×公称长度	螺纹规格 d = M10、公称长度 l = 40 mm（不包括头部）的开槽圆柱头螺钉
紧定螺钉	螺钉　GB/T 71—1985 M5×12	名称　标准编号 螺纹代号×公称长度	螺纹规格 d = M5、公称长度 l = 12 mm 的开槽锥端紧定螺钉

二、螺纹紧固件连接画法

根据使用要求的不同，螺纹紧固件连接通常有螺栓连接、螺柱连接和螺钉连接三种形式。

为了提高画图速度，螺纹连接件各部分的尺寸（除公称长度外）都可用 d（或 D）的一定比例画出，称为比例画法，如图 6-13 所示。

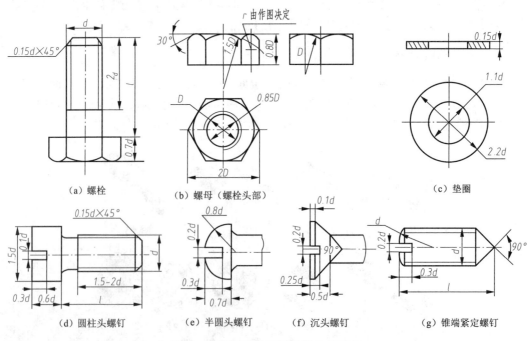

（a）螺栓　　　（b）螺母（螺栓头部）　　　（c）垫圈

（d）圆柱头螺钉　　　（e）半圆头螺钉　　　（f）沉头螺钉　　　（g）锥端紧定螺钉

图 6-13　单个螺纹紧固件的比例画法

1. 螺栓连接

螺栓连接用于两个或两个以上不太厚并能钻成通孔的零件之间的连接,如图 6-14(a)所示。为了便于装配,被连接零件上通孔的直径应比螺栓的螺纹大径略大($D_0 \approx 1.1d$)。

在装配图中,螺栓连接通常采用比例画法。画图时,先要算出螺栓的有效长度 $l' = \delta_1 + \delta_2 + h + m + a$ 后,再从相关资料的 l 系列中选取与之相近但不小于 l' 的标准公称长度 l 值。其画法如图 6-14(b)所示。

从图 6-14(b)可以看出,画螺纹紧固件(包括螺栓、螺柱、螺钉连接)的装配图时,应遵守三个基本规定:

(1)两零件的接触表面只画一条粗实线,不接触的两表面画两条粗实线。

(2)剖视图中相邻零件的剖面线方向应相反;若方向相同,则应使剖面线间距不同或错开;同一零件在各个剖视图中的剖面线方向与间距均应一致。

(3)若剖切平面通过紧固件的轴线,则螺栓、螺柱、螺钉、螺母、垫圈等标准件均按不剖绘制。

2. 双头螺柱连接

双头螺柱连接多用于被连接件之一较厚、不便使用螺栓连接,或因拆卸频繁不宜使用螺钉连接的场合。如图 6-15 所示,先在较厚的零件上加工出螺孔,在较薄的零件上加工出光孔(即通孔,孔的直径约为 1.1d),然后把螺柱的旋入端旋入较厚零件的螺孔中,另一端穿过较薄零件上的光孔,套上垫圈,再用螺母旋紧。

螺柱的旋入端长度 b_m 与被旋入零件的材料有关。当被旋入零件的材料为钢和青铜时,$b_m = d$;材料为铸铁时,$b_m = 1.25d$;材料为铝合金时,$b_m = 2d$。

在装配图中,螺柱连接通常采用图 6-15(d)所示的画法绘制,有关比例与螺栓连接画法中所选的比例一致(也可采用简化画法)。为了保证连接可靠,应将旋入端全部旋入螺孔内,如图 6-15 中旋入端螺纹终止线应与螺孔孔口平齐。其余部分的画法与螺栓连接画法相同。由图 6-15(d)可知,螺柱的有效长度根据 $l' = \delta + h + m + a$,算出后,再由相关资料选取与之相近的标准公称长度 l。

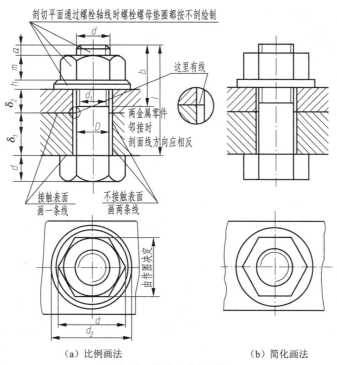

（a）比例画法　　　　　　　（b）简化画法

图 6-14　螺栓连接的画法

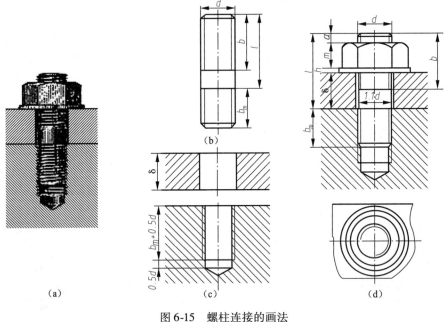

图 6-15　螺柱连接的画法

3. 螺钉连接

按用途来分，螺钉可分为连接螺钉和紧定螺钉两种。

连接螺钉用于连接不经常拆卸并且受力不大的零件，其形式有开槽或内六角圆柱头、半圆头、沉头螺钉等。

画螺钉连接装配图时应注意（见图 6-16）：

（1）画图时，螺钉各部分尺寸可从有关标准中查出。由于旋入后螺钉的螺纹部分不全部旋入螺孔中，故螺钉的螺纹终止线在图中不应与螺孔孔口平齐，而应高出孔口。

（2）螺钉头部的开槽，可按粗实线绘制，并在俯视图中与水平线成45°角，若槽宽小于或等于2 mm，则应将开槽涂黑。

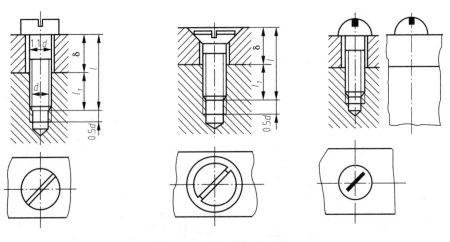

图 6-16　螺钉连接的画法

紧定螺钉用于固定两个零件的相对位置,使它们不产生相对运动,其形式有锥端紧定螺钉及平端紧定螺钉,其连接图如图6-17所示。

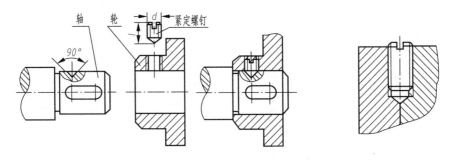

（a）锥端紧定螺钉连接　　　　　　　　　（b）平端紧定螺钉连接

图6-17　紧定螺钉连接图

第三节　齿　轮

齿轮为常用件,是广泛应用于机器中的传动零件,它能将一根轴的动力及旋转运动传递给另一轴,也可改变转速和旋转方向,齿轮上每一个用于啮合的凸起部分称轮齿。齿轮的种类很多,常用的齿轮按两轴的相对位置不同分如下三类:

圆柱齿轮传动——用于两轴平行时,如图6-18(a)所示。

圆锥齿轮传动——用于两轴相交时,如图6-18(b)所示。

蜗轮蜗杆传动——用于两轴交叉时,如图6-18(c)所示。

圆柱齿轮的轮齿有直齿、斜齿和人字齿等,其中最常用的是直齿圆柱齿轮。本节主要介绍直齿圆柱齿轮的基本参数及画法。

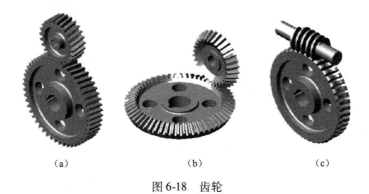

（a）　　　　　　　　　　（b）　　　　　　　　　　（c）

图6-18　齿轮

一、直齿圆柱齿轮

最基本的齿轮传动是圆柱齿轮传动。常见的圆柱齿轮按其轮齿的方向不同分成直齿、斜齿和人字齿等。直齿圆柱齿轮由轮齿、辐板(或辐条)、轮毂等组成。

现以标准直齿圆柱齿轮为例,说明圆柱齿轮各部分的名称和尺寸关系,如图6-19所示。

1. 直齿圆柱齿轮轮齿的各部分名称及代号

(1)齿顶圆:通过轮齿顶部的圆,其直径用 d_a 表示。

(2)齿根圆:通过轮齿根部的圆,其直径用 d_f 表示。

(3)分度圆:设计、制造齿轮时计算轮齿各部分尺寸的基准圆,其直径用 d 表示。

(4)齿距:在分度圆周上相邻两齿对应点之间的弧长,用 p 表示。

(5)齿厚:一个轮齿在分度圆上的弧长,用 s 表示。

(6)槽宽:一个齿槽在分度圆上的弧长,用 e 表示。在标准齿轮中,齿厚与槽宽各为齿距的一半,即 $s = e = p/2, p = s + e$。

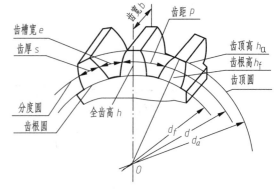

图 6-19 轮齿各部分的名称

(7)齿顶高:分度圆到齿顶圆之间的径向距离,用 h_a 表示。

(8)齿根高:分度圆到齿根圆之间的径向距离,用 h_f 表示。

(9)齿全高:齿顶圆到齿根圆之间的径向距离,用 h 表示。

(10)齿宽:沿齿轮轴线方向量得的轮齿宽度,用 b 表示。

2. 直齿圆柱齿轮的基本参数与齿轮各部分的尺寸关系

(1)模数:如以 z 表示齿轮的齿数,则齿轮上有多少齿,在分度圆的圆周上就有多少齿距,因此,分度圆周长 = 齿距 × 齿数,即

$$\pi d = pz, d = pz/\pi$$

式中,π 是无理数,为了便于计算和测量,齿距 p 与 π 的比值称为模数(单位为 mm),用符号 m 表示,即 $m = p/\pi, d = mz$。

由于模数是齿距 p 与 π 的比值,因此齿轮的模数 m 愈大,其齿距 p 也愈大,齿厚 s 也愈大,因而齿轮承载能力也愈大。

模数是设计和制造齿轮的基本参数。不同模数的齿轮,要用不同模数的刀具来制造。为了便于设计和制造,减少齿轮成形刀具的规格,我国模数已经标准化,规定的标准模数值见表 6-3。

表 6-3 标准模数

第一系列	1 1.25 1.5 2 2.5 3 4 5 6 8 10 12 16 20 25 32 40 50
第二系列	1.75 2.25 2.75 (3.25) 3.5 (3.75) 4.5 5.5 (6.5) 7 9 (11) 14 18 22 28 36 45

注:选用时,优先选用第一系列。

(2)齿形角:齿轮的齿廓曲线与分度圆交点 P 的径向与齿廓在该点处的切线所夹的锐角 α 称为分度圆齿形角,通常所称齿形角是指分度圆齿形角,我国标准齿轮的分度圆齿形角为 20°。

只有模数和齿形角都相同的齿轮才能相互啮合。在设计齿轮时要先确定模数和齿数,其他各部分尺寸都可由模数和齿数计算出来。

标准直齿圆柱齿轮各部分的尺寸关系见表 6-4。

表6-4　标准直齿圆柱齿轮的计算公式

基本参数:模数 m,齿数 z			计算举例
名称	符号	计算公式	已知: $m=3$, $z=50$
齿顶高	h_a	$h_a=m$	$h_a=3$
齿根高	h_f	$h_f=1.25m$	$h_f=3.75$
齿全高	h	$h=h_a+h_f=2.25m$	$h=6.75$
分度圆直径	d	$d=mz$	$d=150$
齿顶圆直径	d_a	$d_a=d+2h_a=m(z+2)$	$d_a=156$
齿根圆直径	d_f	$d_f=d-2h_f=m(z-2.5)$	$d_f=142.5$
齿距	p	$p=pm$	
中心距	a	$a=m(z_1+z_2)/2$	

二、直齿圆柱齿轮的画法

1. 单个圆柱齿轮的画法

国家标准规定,齿顶圆和齿顶线用粗实线绘制,分度圆和分度线用点画线绘制,齿根圆和齿根线用细实线绘制(或省略不画)。

在剖视图中,当剖切平面通过齿轮的轴线时,轮齿一律按不剖处理,齿根线用粗实线绘制,如图6-20所示。

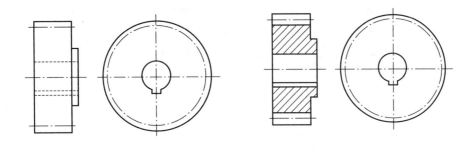

视图画法　　　　　　　　　　　　　　　　　　　剖视画法

图6-20　单个圆柱齿轮的规定画法

2. 圆柱齿轮的啮合画法

在剖视图中,啮合区内的齿顶圆用粗实线绘制,如图6-21(a)所示;也可省略不画,如图6-21(b)所示。相切的两个分度圆用点画线绘制。齿根圆省略不画。

在剖视图上,啮合区内一个齿轮的轮齿用粗实线绘制,另一个齿轮的轮齿被遮挡的部分用虚线绘制,虚线也可省略不画,如图6-22所示。

若不作剖视,则啮合区内的齿顶线不必画出,此时分度线用粗实线绘制,如图6-21(c)所示。

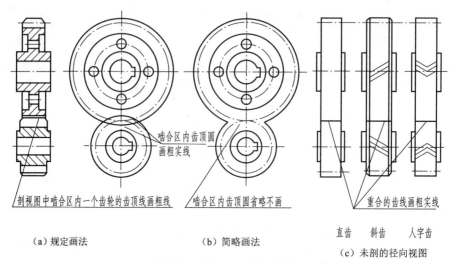

（a）规定画法　　　　　　　　（b）简略画法

直齿　　斜齿　　人字齿
（c）未剖的径向视图

图 6-21　齿轮啮合的规定画法

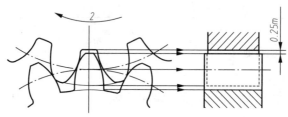

图 6-22　两个齿轮啮合的间隙

三、圆锥齿轮简介

圆锥齿轮通常用于垂直相交两轴之间的传动。由于轮齿位于圆锥面上，所以圆锥齿轮的轮齿一端大，另一端小，齿厚是逐渐变化的，直径和模数也随着齿厚的变化而变化。为了设计和制造方便，标准规定以大端的模数为准，用它决定轮齿的有关尺寸。一对圆锥齿轮啮合也必须有相同的模数。圆锥齿轮各部分几何要素的名称和规定画法，如图 6-23 所示。

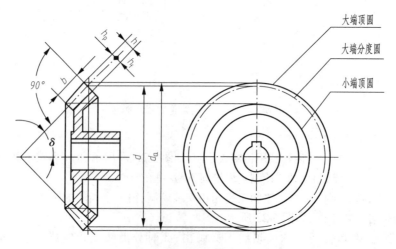

图 6-23　单个圆锥齿轮的规定画法

圆锥齿轮各部分几何要素的尺寸,也都与模数 m、齿数 z 及分度圆锥角 δ 有关。其计算公式:齿顶高 $h_a = m$,齿根高 $h_f = 1.2m$,齿高 $h = 2.2m$;分度圆直径 $d = mz$,齿顶圆直径 $d_a = m(z + 2\cos\delta)$,齿根圆直径 $d_f = m(z - 2.4\cos\delta)$。

圆锥齿轮的规定画法与圆柱齿轮基本相同。一般用主、左两个视图表示,主视图画成剖视图,在投影为圆的左视图中,用粗实线表示齿轮大端和小端的齿顶圆,用点画线表示大端的分度圆,不画齿根圆。单个圆锥齿轮的画图步骤如图 6-24 所示。

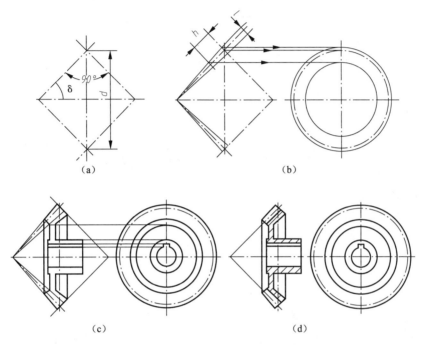

（a）　　　　　　　　　　　（b）

（c）　　　　　　　　　　　（d）

图 6-24　单个圆锥齿轮的画图步骤

圆锥齿轮的啮合画法,如图 6-25 所示。主视图画成剖视图,对于标准齿轮来说,由于两齿轮的分度圆锥面相切,因此,其分度线重合,画成点画线;在啮合区内,应将其中一个齿轮的齿顶线画成粗实线,而将另一个齿轮的齿顶线画成虚线或省略不画(在图 6-22 中,画成虚线)。左视图画成外形视图。轴线垂直相交的两圆锥齿轮啮合时,两节圆锥角 δ_1' 和 δ_2' 之和为 90°。

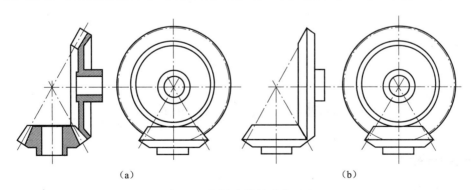

（a）　　　　　　　　　　　（b）

图 6-25　圆锥齿轮的啮合画法

四、蜗杆和蜗轮简介

蜗轮蜗杆传动一般用于垂直交错两轴之间的传动,蜗杆是主动的,蜗轮是从动的。蜗轮蜗杆的传动比大,结构紧凑,但效率低,蜗杆的齿数(即头数)z_1 相当于螺杆上螺纹的线数。蜗杆常用单头,在传动时,蜗杆旋转一圈,则蜗轮只转过一个齿,因此,可得到比较大的传动比($i = z_2/z_1$,z_2 为蜗轮齿数),蜗杆和蜗轮的轮齿是螺旋形的,蜗轮的齿顶面和齿根面常制成圆环面。

为设计和加工方便,规定以蜗杆的轴向模数 m_x 和蜗轮的端面模数 m_t 为标准模数。一对啮合的蜗杆、蜗轮,其模数应相等,即标准模数 $m = m_x = m_t$。且蜗轮的螺旋角和蜗杆的螺旋线导程角大小相等、方向相同。

蜗轮各部分几何要素的代号和规定画法,如图 6-26 所示。其画法与圆柱齿轮基本相同,但是在蜗轮投影为圆的视图中,只画出分度圆和最外圆,不画齿顶圆与齿根圆。图 6-26 中 d_{ae} 是蜗轮齿顶的最外圆直径,即齿顶圆柱面的直径,d_{ai} 是蜗轮的齿顶圆环面喉圆的直径。蜗杆的画法与圆柱齿轮相同,在外形视图中,蜗杆的齿根圆和齿根线用细实线绘制或省略不画。

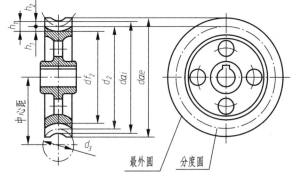

图 6-26　蜗轮的几何要素代号和画法

蜗轮蜗杆传动的啮合画法:在主视图中,蜗轮和蜗杆遮住的部分不必画出;在左视图中,蜗轮的分度圆和蜗杆的分度线相切,如图 6-27 所示。

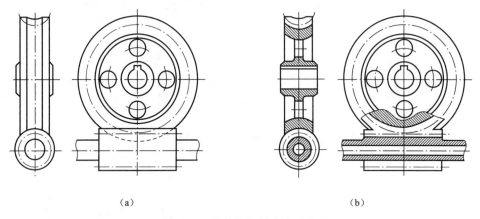

（a）　　　　　　　　　　　　（b）

图 6-27　蜗轮蜗杆的啮合画法

第四节　键连接和销连接

一、键连接

1. 键的种类及标记

(1)键的种类。键用于连接轴和轴上的传动零件(如齿轮、带轮等),以便传递扭矩。键是标准件,可按有关标准选用。常用的键有普通平键、半圆键和钩头楔键等,如图 6-28 所示。

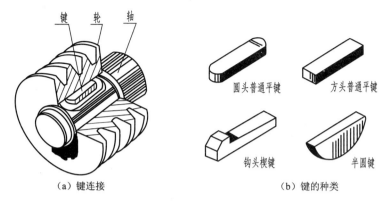

（a）键连接　　　　　　　　　　（b）键的种类

图 6-28　键的作用和种类

要用键连接轮与轴须在轮毂和轴上分别加工出键槽,先将键嵌入轴的键槽内,再对准轮毂上的键槽,将轴和键一起插入轮毂孔内。常用键的键槽形式及加工方法如图 6-29 所示。

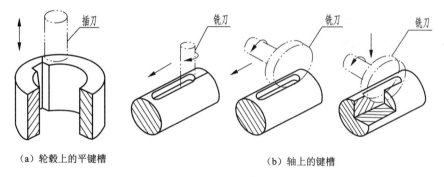

（a）轮毂上的平键槽　　　　　　　　　（b）轴上的键槽

图 6-29　键槽的加工方法示意图

（2）键的规定标记格式为:键 b、L 标准编号。其中,b 表示键的宽度,由轴径大小决定;L 表示公称长度,根据需要在一定范围内选取。键的有关参数可从标准中查得。

2. 键连接的画法

在装配图上表示键连接时,常采用局部剖视和断面图,如图 6-30 所示。

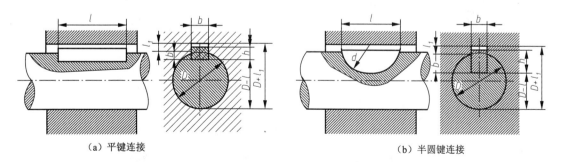

（a）平键连接　　　　　　　　　　（b）半圆键连接

图 6-30　键连接的画法

画普通平键连接和半圆键连接时,键的两个侧面是工作面,这两个工作面要与轴和轮毂的键槽侧面接触;键的底面与轴上键槽的底平面接触,故这些接触面均只画成一条粗实线,而键的顶面与轮毂槽底面不接触,故应画成两条粗实线。

图6-31表示键槽的画法,一般用剖视和断面图表示。键槽的尺寸根据轴径 d 或孔径 D 查相关资料得出。

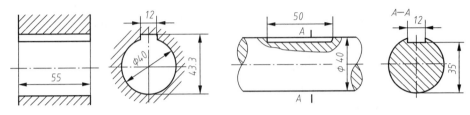

图6-31　键槽的画法及尺寸标注

二、销连接

(1)销的种类和标记:销主要用于零件间的连接和定位。常见的有圆柱销、圆锥销和开口销,如图6-32所示。销也是标准件,故其参数可从相应的标准中查得。

（a）圆柱销　　　　　　（b）圆锥销　　　　　　（c）开口销

图6-32　销的种类

销的规定标记格式为:销　标准编号　规格。

例如:"销　GB/T 117—2000　A10×60,从相关资料中查得其锥度为1:50,小端直径(公称直径) $d=10$ mm,长度 $l=60$ mm,两端为球面结构的圆锥销。

(2)销连接的画法:定位用的圆柱销或圆锥销要求被定位的两零件经调整好后,共同加工出销孔以保证定位精度。如图6-33所示为圆锥销孔加工过程和连接画法。

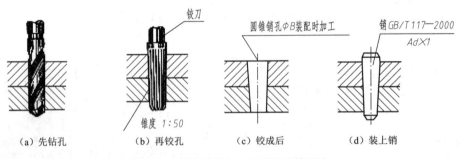

（a）先钻孔　　　　（b）再铰孔　　　　（c）铰成后　　　　（d）装上销

图6-33　圆锥销孔加工过程和连接画法

图6-34表示了圆柱销连接的画法。从图中可知,当剖切平面通过销的轴线剖切时,销作不剖处理。当剖切平面垂直销的轴线剖切时,须在销的断面上画剖面符号。

开口销为由一段半圆形断面的低碳钢丝弯转折合而成。在螺栓连接中,为防止螺母松开,用带孔螺栓和六角开槽螺母,将开口销穿过螺母的槽口和螺栓的孔,并在销的尾部叉开,使螺母不能转动而起到防松作用。如图 6-35 所示为开口销连接画法。

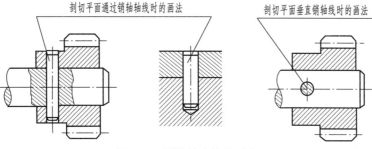

剖切平面通过销轴轴线时的画法　　剖切平面垂直销轴线时的画法

图 6-34　圆柱销连接的画法

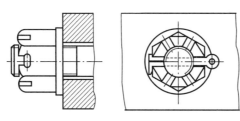

图 6-35　开口销连接画法

第五节　滚动轴承

滚动轴承是一种支承旋转轴的组件。由于它具有摩擦力小、结构紧凑等优点,已被广泛采用在机器、仪表等多种产品中。

滚动轴承的结构一般是由外圈、内圈、滚动体和保持架组成,如图 6-36 所示。

滚动轴承外圈装在机座的孔内,内圈套在轴上,在大多数情况下是外圈固定不动而内圈随轴转动。

外圈
滚珠
内圈
保持架

图 6-36　滚动轴承
的结构

一、滚动轴承的代号

滚动轴承为标准件,其大小和型号通过标记说明。

代号的构成按顺序依次为:前置代号　基本代号　后置代号。

基本代号:基本代号是轴承代号的基础。其内含和标注见 GB/T 272。

基本代号是由类型代号、尺寸系列代号、内径代号构成。尺寸系列代号有:17、37、18、19、0、2、3、4。

例:推力圆柱滚子轴承 81107,规定标记为:轴承 81107　GB/T 4663。

表示轴承内径的两位数字为代号的最后 2 位数字,从"04"开始用这组数字乘以 5,即为轴承内径的尺寸。

在上例中 $d = 07 \times 5 = 35 (\text{mm})$,即为轴承内径尺寸。

表示轴承内径的两位数字,在"04"以下时,标准规定:

00 表示　　　$d = 10 (\text{mm})$

01 表示　　　$d = 12 (\text{mm})$

02 表示 $d = 15 (\text{mm})$

03 表示 $d = 17 (\text{mm})$

常用滚动轴承的类型代号如表6-5所示。

表6-5　常用滚动轴承的类型代号

轴承类型	简　图	类型代号	尺寸系列代号	组合代号	标准号
深沟球轴承		6 6 16 6	18 19 (0)0 (1)0	618 619 160 60	GB 276 GB 4221
圆锥滚子轴承		3 3 3 3	13 20 22 23	313 320 322 323	GB 297
外圈无挡边 圆柱滚子轴承 （内圈有挡边）		N N N N	(0)2 22 (0)3 10	N2 N22 N3 N10	GB 283
推力球轴承		5 5 5 5	11 12 13 14	511 512 513 514	GB 301

注：表中"（）"括住的数字表示在组合代号中省略。

二、滚动轴承的画法

滚动轴承一般有通用画法、特征画法和规定画法三种。

1. 通用画法

在剖视图中，当不需要确切地表示滚动轴承的外形轮廓、载荷特性、结构特征时，可用矩形线框以及位于线框中央正立的十字形符号来表示。矩形线框和十字形符号均用粗实线绘制，十字形符号不应与矩形线框接触，通用画法的尺寸比例如图6-37所示。

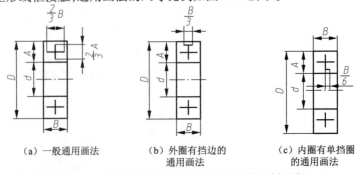

（a）一般通用画法　　　（b）外圈有挡边的　　　（c）内圈有单挡圈
　　　　　　　　　　　　　通用画法　　　　　　　的通用画法

图6-37　常用滚动轴承的特征画法尺寸比例示意

2. 特征画法

在剖视图中,如果需要比较形象地表示滚动轴承的结构特征时,可采用在矩形线框内画出其结构要素符号的方法表示。特征画法的矩形线框、结构要素符号均用粗实线绘制。常用滚动轴承的特征画法的尺寸比例示例见表6-6。

3. 规定画法

必要时,滚动轴承可采用规定画法绘制。采用规定画法绘制滚动轴承的剖视图时,轴承的滚动体不画剖面线,其各套圈等可画成方向和间隔相同的剖面线,滚动轴承的保持架及倒角等可省略不画。规定画法一般绘制在轴的一侧,另一侧按通用画法绘制。规定画法中各种符号、矩形线框和轮廓线均用粗实线绘制。其尺寸比例见表6-7。

表6-6　滚动轴承尺寸比例

轴承名称及代号	结构形式	规定画法	特征画法
深沟球轴承 GB/T 276—1994 类型代号 6 主要参数 D、d、B		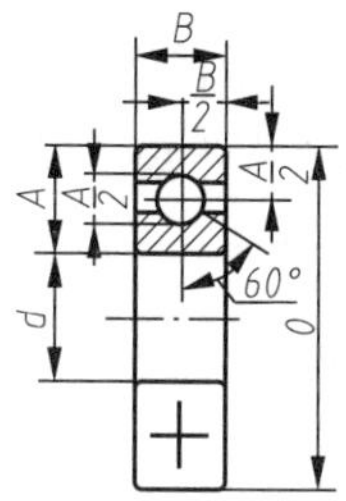	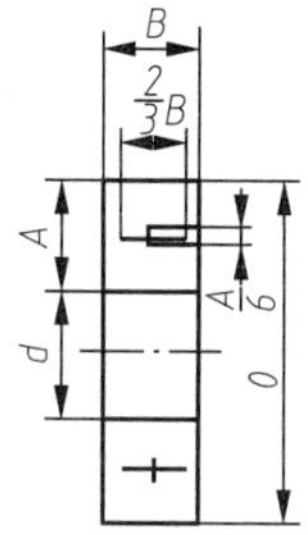
圆锥滚子轴承 GB/T 297—1994 类型代号 3 主要参数 D、d、t		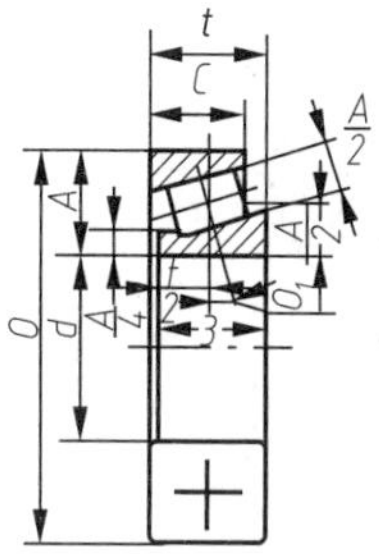	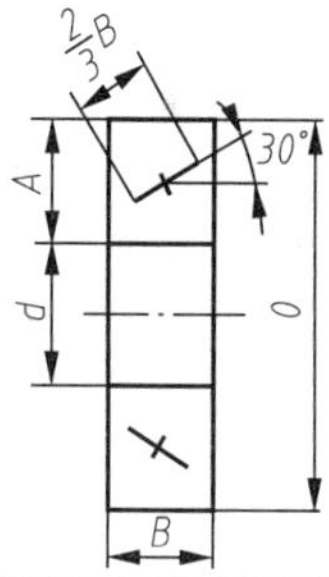
推力球轴承 GB/T 301—1995 类型代号 5 主要参数 D、d、t	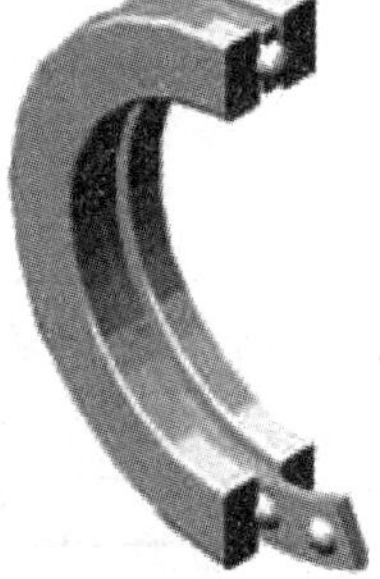	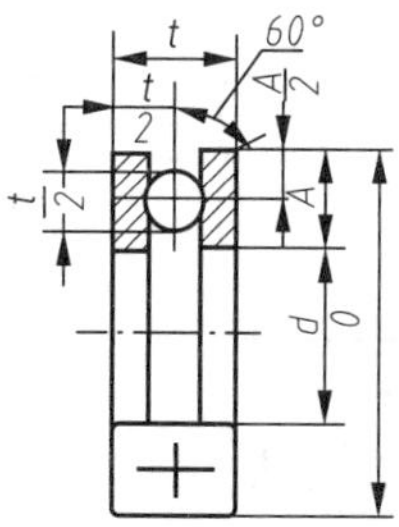	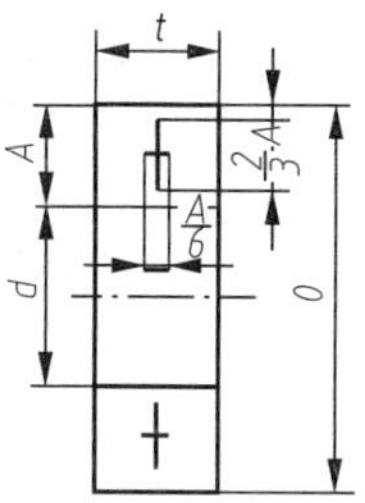

第七章　零件图

第一节　零件的表达方法

一、零件图的作用

任何一台机器或一个部件都是由各种不同的零件装配组合而成的,表达零件的形状、结构、尺寸和技术要求等内容的图样称为零件工作图,简称零件图。零件图是设计部门提交给生产部门的重要技术文件,反映了设计者的意图,表达了机器或部件对该零件的要求,是制造和检验零件的重要技术文件。图7-1所示为泵体的零件图。

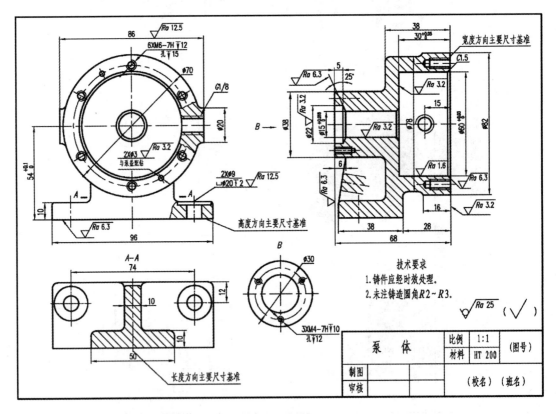

图 7-1　泵体

二、零件图的内容

一张完整的零件图应包括下列基本内容:

1. 一组视图

用一组视图(包括视图、剖视图、断面图及其他规定画法)正确、完整、清晰地表达出零件的各部分形状和结构。

2. 尺寸

用一组尺寸正确完整、清晰、合理地标注出零件结构形状及相互位置的大小。

3. 技术要求

用一些规定的符号、数字、字母和文字注解,简明、准确地说明零件在制造、检验等设计中应达到的一些技术要求,如表面粗糙度、尺寸公差、几何公差和热处理要求等。

4. 标题栏

用标题栏明确地填写零件的名称、材料、数量、图样的比例、编号及制图者、审核者的批名、日期等各项内容。

三、表达方案的选择

零件的表达方案要根据零件的结构形状来选择,在选择零件的表达方案时,首先要考虑便于看图,其次要根据其结构特点,选用适当的表达方法。在正确、完整、清晰地表达出零件结构形状的前提下,力求绘图简便。

(一)零件视图的选择原则

零件视图的选择应包括主视图的选择、视图数量及表达方法的选择。

1. 主视图的选择

一般情况下,主视图是图形的核心,绘图、看图一般从主视图开始,所以主视图选择得是否合理,直接关系到绘图和看图方便与否。选择主视图时,应考虑下面几个方面的问题。

(1)主视图的投射方向

主视图的投射方向应该反映出零件的结构特征,即主视图要能较多地表达零件的结构形状,以及各形状之间的相互位置关系。

(2)零件的主视图位置

零件在主视图上的位置,一般为零件的工作位置(或自然放置位置)或零件的加工位置。零件的工作位置是指零件在机器或部件中的工作位置,选择主视图时应尽量与零件的工作位置一致,以便于绘图和读图。零件的加工位置是指在加工零件的过程中,零件被固定和夹紧的位置。选择主视图时也应尽量与零件的加工位置一致,以方便工人在加工零件时看图。

2. 视图数量的选择

主视图选定后,还要进一步选择视图的数量,零件的结构形状不同,其视图数量也不同。根据零件的结构形状,可选择一个或多个视图。

(1)一个视图

由柱、锥、球、环等基本回转体同轴或同方向不同轴组合而成的零件,它们的形状和位置关系简单,注上尺寸,一个视图就可完整、清晰地表达其结构形状,如图7-2所示。

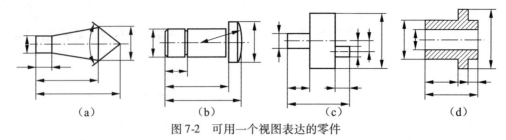

图 7-2　可用一个视图表达的零件

（2）两个视图

由同方向（或不同方向）同轴的几个回转体（包括不完整的回转体）组合而成的零件，它们的形体虽然简单，但完整关系略复杂，一个视图不能表达完全，所以需要两个视图来表达，如图 7-3 所示。

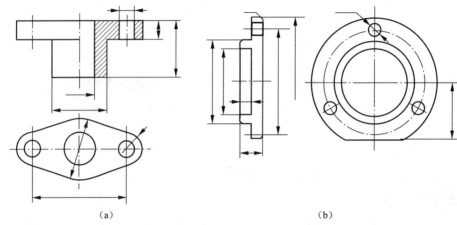

图 7-3　需要用两个视图表达的零件

（3）三个视图

更为复杂一些的零件，它们在三个方向上都有不同的结构，需要三个视图才能表达清楚，如图 7-4 所示。

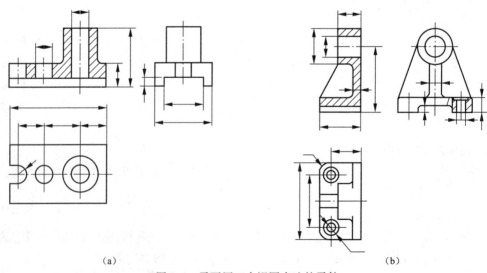

图 7-4　需要用三个视图表达的零件

3. 选择表达方案的步骤

通过上述分析可以看出,选择表达方案的步骤如下。

(1)对零件进行分析

对零件进行结构分析(包括零件的装配位置及作用)和工艺分析(零件的加工制造方法)。

(2)选择主视图

在零件分析的基础上,选定主视图。

(3)选择视图数量和表达方法

根据零件的外部结构形状与内部结构形状的复杂程度来选择视图数量和表达方法。

(二)典型零件的视图选择

1. 轴套类零件

图 7-1 所示的泵体属于轴套类零件。

轴套类零件一般在车床上加工,要按形状和加工位置确定主视图,轴线水平放置,大头在左、小头在右,键槽和孔结构可以朝前。轴套类零件的主要结构形状是回转体,一般只画一个主视图。对于零件上的键槽、孔等,可作移出断面。砂轮越程槽、退刀槽和中心孔等可用局部放大图表达。

2. 轮盘类零件

如图 7-5 所示的端盖以及各种轮子、法兰盘等属于轮盘类零件。其主要形体是回转体,径向尺寸一般大于轴向尺寸。

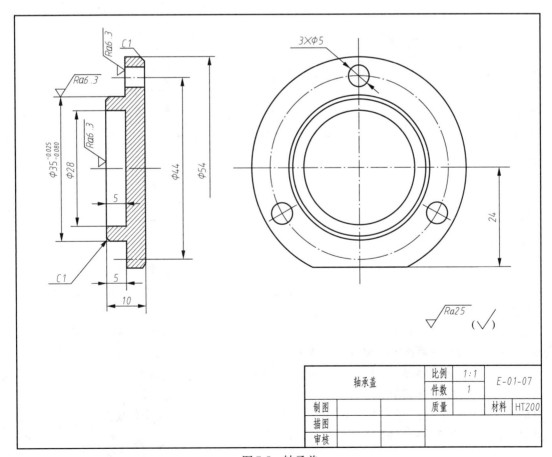

图 7-5 轴承盖

这类零件的毛坯为铸件或锻件,机械加工以车削为主,主视图一般按加工位置放置。但有些较复杂的盘盖,因加工工序较多也可按工作位置画出。一般需要两个视图,即主视图和左视图。根据结构特点,视图具有对称面时,可作半剖视;无对称面时,可作全剖或局部剖视。其他结构形状如轮辐和肋板等可用移出断面或重合断面,也可用简化画法。

3. 叉架类零件

如图 7-6 所示的支架以及各种杠杆、连杆、托架等属于叉架类零件。

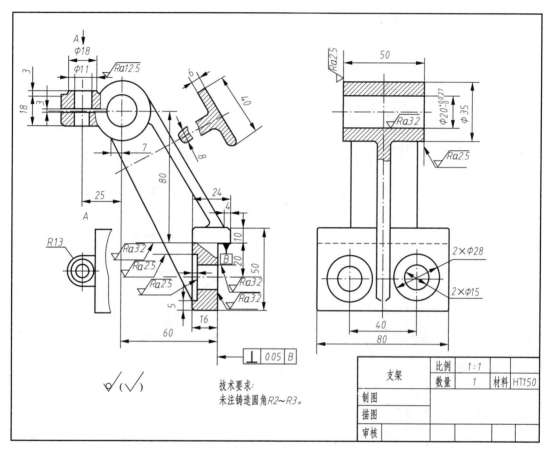

图 7-6　支架

这类零件结构较复杂,需经多种加工,主视图主要由形状特征和工作位置来确定。一般需要两个以上的基本视图,并用斜视图、局部视图、剖视图、断面图等表达内外形状和细部结构。

4. 箱体类零件

如图 7-7 所示的座体以及减速器箱体、阀体、阀座等属于箱体类零件,大多为铸件,一般起支承、容纳、定位和密封等作用,内外形状较为复杂。

这类零件一般经多种工序加工而成,因而主视图主要根据形状特征和工作位置确定,图 7-7 所示的主视图就是根据工作位置选定的。由于零件结构较复杂,常需三个或三个以上的视图,并可应用各种方法来表达。在图 7-7 中,由于主视图上无对称面,采用了全剖视图来表达内、外形状,并选用了剖视、局部剖和密封槽处的局部放大图。

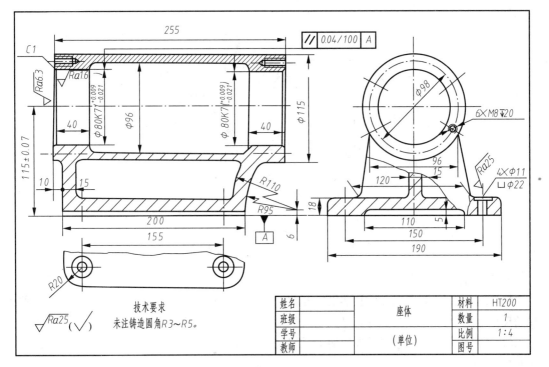

图 7-7 座体

第二节 零件图的尺寸标注

要合理地标注尺寸,首先要对零件进行形体分析、结构分析和工艺分析,确定零件的基准选择合理的标注形式,结合具体情况合理地标注尺寸。

（一）合理地选择尺寸的基准

1. 基准

在前面已经讨论过基准的概念,这里再结合零件的设计要求和工艺要求加以讨论。基准是指零件在机器中或加工、测量时,用以确定其位置的一些点、线或面。根据其用途的不同,基准可分为设计基准和工艺基准。标注和度量尺寸的起点称为尺寸基准。合理地标注尺寸需要从合理选择尺寸基准开始。根据基准作用的不同,基准可以分为设计基准和工艺基准。

（1）设计基准

设计基准是指在机器或部件中,用来确定零件位置的点、线或面。根据零件的结构特点和设计要求而选定的用于保证零件使用性能的一些基准线或基准面称为设计基准。

（2）工艺基准

工艺基准是指在加工或测量时,用来确定零件位置的一些点、线或面。根据零件的加工制造、测量和检验等工艺要求所选定的一些基准线或基准面称为工艺基准。

尺寸基准是尺寸的起点,所以在长、宽、高三个方向上都应有基准。这些基准称为主要基准。除主要基准外的基准统称为辅助基准。主要基准与辅助基准之间应有尺寸联系。

如图 7-8 所示为装配图中轴的设计基准和工艺基准。

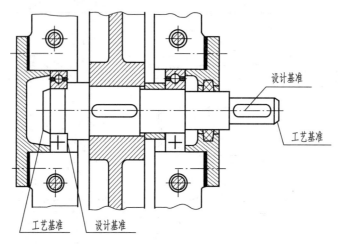

图 7-8 设计基准和工艺基准

2. 基准的合理选择

选择基准时,既要考虑设计基准也要考虑工艺基准,从设计基准出发标注尺寸,其优点是标注的尺寸反映了设计要求,能保证所设计的零件在机器上的工作性能,从工艺基准出发标注尺寸,其优点是把尺寸的标注与零件的加工、制造联系起来,标注的尺寸反映了工艺要求,使零件便于制造、加工和测量。

在标注尺寸时,最好把设计基准和工艺基准统一起来。这样既能满足设计要求,又能满足工艺要求。当两者不能统一时,应以保证设计基准为主。

(二)零件图的尺寸标注

1. 标注尺寸的形式

根据尺寸在图样上的布置,标注尺寸有下列三种形式。

(1)链状法

链状法就是把尺寸依次注写成链状,如图 7-9 所示。链状法常用于标注若干相同结构之间的距离,阶梯状零件中尺寸要求十分精确的各段尺寸以及用组合刀具加工的零件尺寸等。

(2)坐标法

坐标法就是各个尺寸从一个事先选定的基准注起,如图 7-10 所示,坐标法用于标注需要从一个基准定出一组精确尺寸的零件。

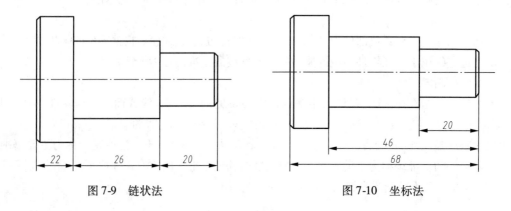

图 7-9 链状法　　　　　　　　　　　图 7-10 坐标法

（3）综合法

综合法是链状法与坐标法的综合,如图 7-11 所示。零件的尺寸标注多用综合法。

2. 标注尺寸时应注意的问题

（1）应避免形成封闭尺寸链

零件上某一方向尺寸首尾相接,形成封闭尺寸链,如图 7-12所示,图 7-12(a)中的尺寸 a、b、c、d 组成了封闭尺寸链。为了保证每个尺寸的精度要求,通常对尺寸精度要求最低的一环作开口环不注尺寸,这样既保证了设计要求,又可降低加工成本,应该标注为图 7-12(b)所示的开口环形式。

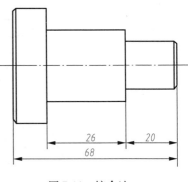

图 7-11　综合法

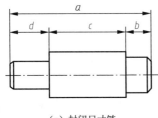

（a）封闭尺寸链

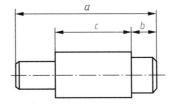

（b）有开口环的尺寸注法

图 7-12　开口环尺寸标注

（2）主要尺寸直接标注

如图 7-13 所示,图 7-13(b)中如标注尺寸 b、c,由于加工误差,尺寸 a 误差就会很大,所以,尺寸 a 必须直接从底面注出,如图 7-12(a)所示。同理,安装时,为保证轴承上两个 $\phi 6$ 孔与机座上的孔准确装配,两个 6 孔的定位尺寸应该如图 7-12(a)所示直接注出中心距 k,而不应如图 7-13(b)所示那样注两个尺寸 e。

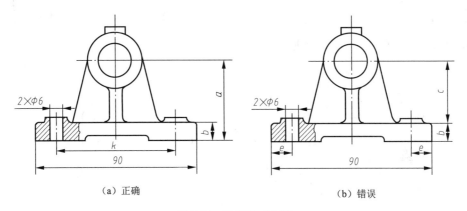

（a）正确　　　　　　　　　　　　　（b）错误

图 7-13　重要尺寸标注

（3）符合加工顺序

按加工顺序标注尺寸,便于看图、测量,且容易保证加工精度。

如图 7-14 所示,零件的加工顺序如图 7-14(c)所示,三道工序,第一道加工圆筒,第二道加工外圆柱面上的槽,第三道加工内圆孔。故图 7-14(b)的尺寸注法不符合加工顺序,是不合理的。图 7-14(a)的标注符合加工顺序。

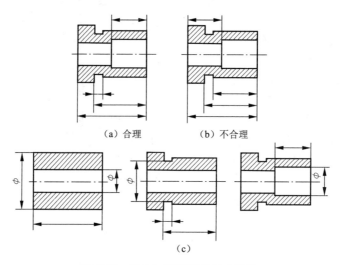

图 7-14　符合加工顺序的尺寸标注

（4）便于测量

如图 7-15 所示,在加工阶梯孔时,一般先加工小孔,然后依次加工出大孔。因此,在标注轴向尺寸时,应从端面注出大孔的深度,以便于测量。

（5）加工面和非加工面

对于铸造或锻造零件,同一方向上的加工面和非加工面应各选择一个基准分别标注有关尺寸,并且两个基准之间只允许有一个联系尺寸。如图 7-16 所示,图 7-16(a)所示零件的非加工面由一组尺寸 M_1、M_2、M_3、M_4 相联系,加工面由另一组尺寸 L_1、L_2 相联系。加工基准面与非加工基准面之间只用一个尺寸 A 相联系。图 7-16(b)所示标注尺寸是不合理的。

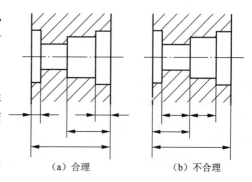

图 7-15　便于测量的尺寸标注

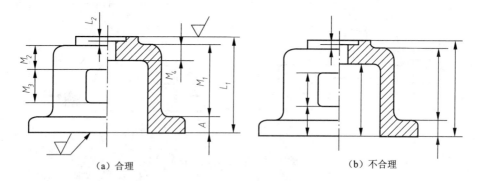

图 7-16　加工面和非加工面的尺寸标注

第三节　零件图的技术要求

零件图除了表达零件结构形状及标注尺寸外,还必须标注和说明制造零件时应达到的一些技术要求。零件图上的技术要求包括表面结构要求、尺寸公差、形状和位置公差、热处理要求等内容。

零件图上的技术要求如表面结构要求、尺寸公差、形状和位置公差等,应按标准规定的各种符号、代号、文字标注在图形上,其他无法标注在图形上的内容或需要统一说明的内容,可以用文字注写在图纸下方的空白处。

(一)表面结构要求及其标注

1. 表面结构的概念

零件的表面结构是指零件表面的几何特征,是有限区域上的表面粗糙度、表面波纹度、原始几何形状的总称。

零件表面的几何特征可通过零件的表面轮廓测定,零件的表面轮廓为平面与实际表面相交所得的轮廓。大多数零件表面轮廓是由粗糙度轮廓、波纹度轮廓及形状误差(原始轮廓)综合而成的。这三种特性对零件的影响各不相同,可分别采用不同波长的滤波器测出。

2. 表面结构参数

表示零件表面结构技术要求时,涉及的参数有 R 轮廓(粗糙度参数)、W 轮廓(波纹度参数)、P 轮廓(原始轮廓参数)。这三个参数是评定表面结构质量的技术指标,现已经标准化并与完整符号一起使用、表面结构参数中粗糙度参数最为常用,粗糙度参数中 Ra 和 Rz 最为常用。Rz 为粗糙度轮廓的最大高度,是在一个取样长度内,最大轮廓峰高和最大轮廓谷深之和的高度,如图 7-17 所示。Ra 是粗糙度轮廓算术平均偏差,是在一个取样长度范围内,被测表面粗糙度轮廓曲线 $Z(x)$ 的算术平均偏差,如图 7-17 所示。用公式可表示为

$$Ra = \frac{1}{l}\int_0^l |z(x)|\,\mathrm{d}x = \frac{1}{m}\sum_{i=1}^n z_i$$

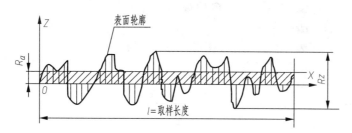

图 7-17　表面粗糙度轮廓

Ra 值越小,表面质量要求越高,零件表面就越光滑,工作性能越好,使用寿命也越长。但要获得粗糙度值小的表面,零件就需经过复杂的工艺过程,这样加工成本可能随之急剧增高。因此不能简单地认为表面粗糙度值越小就越好,要在满足功能要求的前提下,尽可能选用较大的粗糙度值。表 7-1 列出了 Ra 值与加工方法的关系及其应用实例,可供选用时参考。

表 7-1　表面粗糙度 Ra 值应用举例

$Ra(\mu m)$	表面特征	主要加工方法	应用举例
>40 ~ 80	明显可见刀痕	粗车、粗铣、粗刨、钻、粗纹锉刀和粗砂轮加工	光洁程度最低的加工面,一般很少应用
>20 ~ 40	可见刀痕		
>10 ~ 20	微见刀痕	粗车、刨、立铣、平铣、钻等	不接触表面、不重要的接触面,如螺孔、倒角、机座底面等

$Ra(\mu m)$	表面特征	主要加工方法	应用举例
>5~10	可见加工痕迹	精车、精铣、精刨、铰、镗、粗磨等	没有相对运动的零件接触面,如箱、盖、套筒要求紧贴的表面、键和键槽工作表面;相对运动速度不高的接触面,如支架孔、衬套、带轮轴孔的工作表面
>2.5~5	微见加工痕迹		
>1.25~2.5	看不见加工痕迹		
>0.63~1.25	可辨加工痕迹方向	精车、精铰、精拉、精镗、精磨等	要求很好密合的接触面,如与滚动轴承配合的表面、销孔等;相对运动速度较高的接触面,如滑动轴承的配合表面、齿轮的工作表面
>0.32~0.63	微辨加工痕迹方向		
>0.16~0.32	不可辨加工痕迹方向		
>0.08~0.16	暗光泽面	研磨、抛光、超级精细研磨等	精密量具表面、极重要零件的摩擦面,如汽缸的内表面、精密机床的主轴颈、坐标镗床的主轴颈等
>0.04~0.08	亮光泽面		
>0.02~0.04	镜状光泽面		
>0.01~0.02	雾状镜面		
≤0.01	镜面		

3. 零件图中表面结构的表示方法

（1）表面结构符号的画法及意义

表面结构基本图形符号的画法如图 7-18 所示,符号的各部分尺寸与字体大小有关,并有多种规格。对于 3.5 号字, $H_1 = 5$ mm, $H_2 = 10.5$ mm,符号线宽 $d' = 0.35$ mm。表 7-2 列出了表面结构的基本图形符号和完整图形符号。

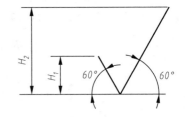

图 7-18　表面结构基本图形符号的画法

表 7-2　表面结构符号

序号	符　号	意义及说明
1		基本图形符号,未指定工艺方法的表面,当通过一个注释解释时可单独使用
2		扩展图形符号,用去除材料方法获得的表面;仅当其含义是"被加工表面"时可单独使用
3		扩展图形符号,不去除材料的表面,也可用于表示保持上道工序形成的表面,不管这种状况是通过去除材料或不去除材料形成的
4		完整图形符号,在以上各种符号的长边上加一横线,以便注写对表面结构的各种要求

在完整符号中,对表面结构的单一要求和补充要求应注写在图 7-19 所示的指定位置。

位置 a 和 b——注写符号所指表面,其表面结构的评定要求。

位置 c——注写符号所指表面的加工方法,如车、磨、镀等。

位置 d——注写符号所指表面的表面纹理和纹理的方向要求,如"="、"X"、"M"。

图 7-19 补充
要求的注写位置

位置 e——注写符号所指表面的加工余量,以毫米为单位给出数值。

表 7-3 列出了几种表面结构代号和符号及说明:

表 7-3　表面结构代号

序号	符　号	意义及说明
1	√ Ra 1.6	表示去除材料,单向上限值,默认传输带,R 轮廓,算术平均偏差 1.6 μm,评定长度为 5 个取样长度(默认),"16% 规则"(默认)
2	√ Rz max3.2	表示去除材料,单向上限值,默认传输带,R 轮廓,粗糙度最大高度的最大值 3.2 μm,评定长度为 5 个取样长度(默认),"最大规则"
3	√ U Ra max 3.2 L Ra 0.8	表示不去除材料,双向极限值,两极限值均使用默认传输带,R 轮廓,上限值:算术平均偏差 3.2 μm,评定长度为 5 个取样长度(默认),"最大规则",下限值:算术平均偏差 0.8 μm,评定长度为 5 个取样长度(默认),"16% 规则"(默认)
4	√ 0.8-25/Wz3 10	表示去除材料,单向上限值,传输带 0.8 ~ 25 mm,W 轮廓,波纹度最大高度 10 μm,评定长度包含 3 个取样长度,"16% 规则"(默认)

注:16% 规则是所有表面结构标注的默认规则。最大规则应用于表面结构要求时,参数代号中应加上"max"。16% 规则是指在评价粗糙度时对于按一个参数的上限值规定要求时如果在所选参数都用同一评定长度上的全部实测值中大于图样或技术文件中规定值的个数不超过总数的 16% 则该表面是合格的;对于给定表面参数下限值的场合如果在同一评定长度上的全部测得值中小于图样或技术文件中规定值的个数不超过总数的 16% 该表面也是合格的;为了指明参数的上下限值,所用参数符号没有"max"标记。

(2)表面结构在图样上的标注方法

表面结构要求对每一表面一般只标注一次,并尽可能注在相应的尺寸及其公差的同一视图上。除非另有说明,所标注的表面结构要求是对加工后零件表面的要求。

表面结构的注写和读取方向与尺寸注写和读取方向一致(图 7-20)。

表面结构要求可标注在轮廓线上,其符号应从材料外部指向零件表面。必要时,表面结构符号也可用带箭头或黑点的指引线引出标注,如图 7-21 所示。

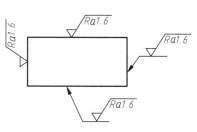

图 7-20 表面结构的注写和
读取方向与尺寸方向一致

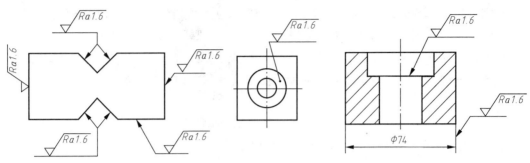

图 7-21　表面结构要求可标注在轮廓线上

在不致引起误解的时候,表面结构要求可以标注在给定的尺寸线上或形位公差框格的上方,如图 7-22 所示。

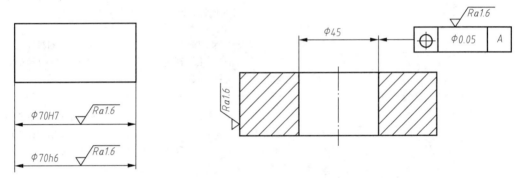

图 7-22　表面结构要求可以标注在给定的尺寸线上或形位公差框格的上方

圆柱和棱柱表面的表面结构要求只标注一次,如图 7-23 所示,如果每个棱柱表面有不同的表面结构要求,则应分别标注。

有相同表面结构要求的简化注法,如果在工件的多数(包括全部)表面有相同的表面结构要求,则其表面结构要求可统一标注在图样的标题栏附近。表面结构要求的符号后面应有以下两种情况:在圆括号内给出无任何其他标注的基本符号,如图 7-24 所示;在圆括号内给出不同的表面结构要求,如图 7-25 所示。

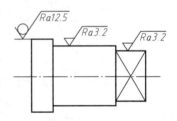

图 7-23　圆柱和棱柱表面的表面
结构要求只标注一次图

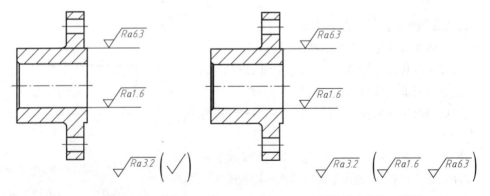

图 7-24　在圆括号内给出无任何其他标注
的基本符号

图 7-25　在圆括号内给出不同的
表面结构要求

当多个表面具有相同的表面结构要求或图纸空间有限时,可以采用简化注法。

①可用带字母的完整符号,以等式的形式,在图形或标题栏附近,对有相同表面结构要求的表面进行简化标注,如图 7-26 所示。

②可用表 7-2 所示的表面结构符号,以等式的形式给出对多个表面共同的表面结构要求,如图 7-27 所示。

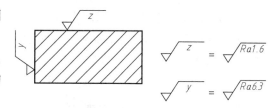

图 7-26　用带字母的符号以等式形式的表面结构简化注法

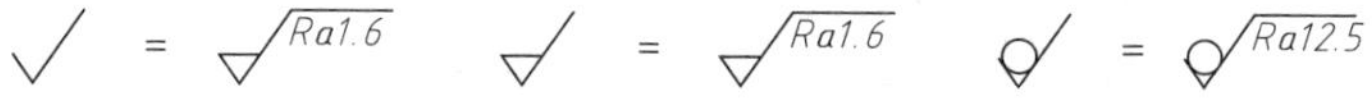

图 7-27　只用表面结构符号的简化注法

（3）表面结构参数的选择

多数情况下选用 R 参数组中的粗糙度轮廓算术平均偏差 Ra。现以 Ra 为例来阐述表面结构参数的确定原则和方法。零件的表面结构不仅与使用性能有关,而且与加工工艺和加工成本有关。表面结构参数数值越小,零件的表面越光滑、平整,但加工成本越高。确定表面结构参数的一般原则是既要考虑表面质量要求,又要兼顾加工经济合理性,即在满足零件使用要求的前提下,尽可能选取较大的参数值。具体选用时,可以参考已有类型零件,用类比法确定参数大小。零件的工作表面、配合表面、密封表面、相对运动表面等,一般取较小的数值;零件的非工作表面、非配合表面、尺寸精度较低的表面等,一般取较大的数值。配合孔表面的参数值大于轴的参数值,同一公差等级的小尺寸表面的参数值大于大尺寸表面的参数值。表 7-1 给出了零件表面粗糙度数值不同的表面特征及对应的加工方法和应用举例。

4. 极限与配合

现代化的机械工业要求机械零件具有互换性,这就要求保证零件的表面粗糙度、尺寸公差以及形状和位置公差。我国制定了相应的国家标准,在生产中必须严格执行和遵守。

（1）零件的互换性

在日常生活中,自行车或汽车的某些零件坏了,买个新的换上,就能继续使用,这就是零件的互换性。

在装配机器时,同一规格的任一零件,不经挑选或修配,就可装到机器上,并能保持机器的原有性能,零件的这种性质称为零件的互换性。零件具有互换性,不但给装配和修理机器带来方便,还可采用专用设备生产,提高了产品的加工效率和质量,同时降低了产品的成本。

（2）公差的有关术语

在加工过程中,由于受机床精度、刀具磨损、测量误差等因素的影响,不可能把零件的尺寸做得绝对准确,为了保证互换性,必须将零件尺寸的加工误差限制在一定的范围内,规定出加工尺寸的允许变动量,这个变动量就是尺寸公差。

公称尺寸:公称尺寸是指根据零件强度、结构和工艺性要求设计确定的尺寸。

实际尺寸:实际尺寸是指通过实际测量所得的尺寸。

极限尺寸:极限尺寸是指允许尺寸变化的两个界限值,它以公称尺寸为基数来确定。两个界限值中较大的称为上极限尺寸,较小的称为下极限尺寸。

尺寸偏差。尺寸偏差(简称偏差)是指某一极限尺寸减去公称尺寸所得的代数差。尺寸偏差分为上极限偏差和下极限偏差。

$$上极限偏差 = 上极限尺寸 - 公称尺寸$$

$$下极限偏差 = 下极限尺寸 - 公称尺寸$$

上、下极限偏差统称极限偏差。上、下极限偏差可以是正值、负值或零。

国家标准规定孔的上极限偏差代号为 ES,孔的下极限偏差代号为 EI,轴的上极限偏差代号为 es,轴的下极限偏差代号为 ei。

尺寸公差:尺寸公差(简称公差)是指允许尺寸的变动量。

$$尺寸公差 = 上极限尺寸 - 下极限尺寸 = 上极限偏差 - 下极限偏差。$$

因为上极限尺寸总是大于下极限尺寸,所以尺寸公差一定为正值。

公差带和公差带图:公差带表示公差大小和孔的公差带相对于零线位置的一个区域。零线是确定偏差的一条基准线,通常以零线表示基本尺寸。为了便于分析,一般将尺寸公差与公称尺寸的关系按放大比例画成简图,称为公差带图,如图7-28所示。

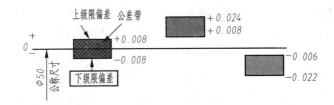

图 7-28　公差带图

在公差带图中,上、下极限偏差的距离应成比例,公差带方框的左右长度根据需要任意确定。一般用左低右高的斜线表示孔的公差带用细点填充表示轴的公差带。

公差等级:公差等级是指确定尺寸精确程度的等级。国家标准将公差等级分为 20 级 IT01、IT0、IT1 ~ IT18。"IT"表示标准公差,公差等级的代号用阿拉伯数字表示。从 IT01 ~ IT18,精度依次降低。

标准公差:标准公差是指用以确定公差带大小的公差。标准公差是公称尺寸的函数。对于一定的公称尺寸,公差等级愈高,标准公差值愈小,尺寸的精确程度愈高。公称尺寸和公差等级相同的孔与轴,它们的标准公差值相等。国家标准把≤500 mm 的公称尺寸范围分成 13 段,按不同的公差等级列出了各段公称尺寸的公差值为标准公差,见表7-4。

表 7-4　标准公差值(基本尺寸大于 6 ~ 500 mm)

基本尺寸(mm)	公　差　等　级							
	IT5	IT6	IT7	IT8	IT9	IT10	IT11	IT12
>6 ~ 10	6	9	15	22	36	58	90	150
>10 ~ 18	8	11	18	27	43	70	110	180
>18 ~ 30	9	13	21	33	52	84	130	210
>30 ~ 50	11	16	25	39	62	100	160	250

续上表

基本尺寸(mm)	公 差 等 级							
	IT5	IT6	IT7	IT8	IT9	IT10	IT11	IT12
>50~80	13	19	30	46	74	120	190	300
>80~120	15	22	35	54	87	140	220	350
>120~180	18	25	40	63	100	160	250	400
>180~250	20	29	46	72	115	185	290	460
>250~315	23	32	52	81	130	210	320	520
>315~400	25	36	57	89	140	230	360	570
>400~500	27	40	63	97	155	250	400	630

基本偏差。基本偏差是指用以确定公差带相对于零线位置的上极限偏差或下极限偏差。一般是指靠近零线的那个极限偏差,如图7-29所示。

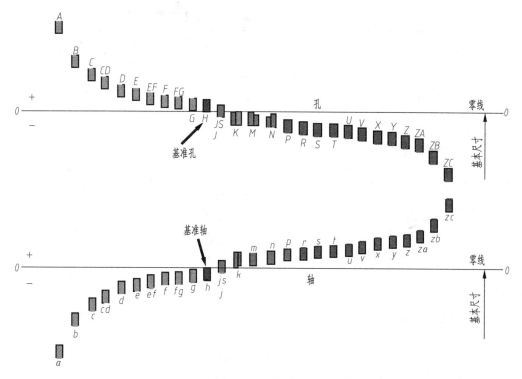

图7-29 基本偏差

根期实际需要,国家标准分别对孔和轴各规定了28个不同的基本偏差,如图7-29所示。基本偏差用拉丁字母表示,大写字母可代表孔,小写字母代表轴,轴的基本偏差从a至h为上偏差(es),且是负值,其绝对值依次减小;从j至zc为下偏差(ez)且是正值,其绝对值依次增大,见表7-5。孔的基本偏差从A到H为下偏差(EI)且是正值,其绝对值依次减小,从J到ZC为上偏差(ES),且是负值,其绝对值依次增大,见表7-6。其中H和h的基本偏差为0。JS和js对称于零线,没有基本偏差。

表 7-5 轴的基本偏差数值摘录

基本偏差	上极限偏差(es)						下极限偏差(ei)					
	d	e	f	g	h	js	j		k	m	n	p
公称尺寸/mm ＼ 公差等级	所有等级						5、6	7	4~7	所有等级		
3~6	-30	-20	-10	-4	0	极限偏差 = ±$\dfrac{IT}{2}$	-2	-4	+1	+4	+8	+12
6~10	-40	-25	-13	-5			-2	-5	+1	+6	+10	+15
10~18	-50	-32	-16	-6			-3	-6	+1	+7	+12	+18
18~30	-65	-40	-20	-7			-4	-8	+2	+8	+15	+22
30~50	-80	-50	-25	-9			-5	-10	+2	+9	+17	+26
50~80	-100	-60	-30	-10			-7	-12	+2	+11	+20	+32
80~120	-120	-72	-36	-12			-9	-15	+3	+13	+23	+37

注:公差带 js7~js11,若 ITn 中,n 是奇数,则取极限偏差 = ±IT-1/2

表 7-6 孔的基本偏差数值摘录

基本偏差	下极限偏差(EI)				上极限偏差(ES)						Δ		
	F	G	H	JS	J			K	M	N			
公称尺寸/mm ＼ 公差等级	所有等级				6	7	8	≤8			6	7	8
3~6	+10	+4	0	极限偏差 = ±$\dfrac{IT}{2}$	+5	+6	+10	-1+Δ	-4+Δ	-8+Δ	3	4	6
6~10	+13	+5			+5	+8	+12	-1+Δ	-6+Δ	-10+Δ	3	6	7
10~18	+16	+6			+6	+10	+15	-1+Δ	-7+Δ	-12+Δ	3	7	9
18~30	+20	+7			+8	+12	+20	-2+Δ	-8+Δ	-15+Δ	4	8	12
30~50	+25	+9			+10	+14	+24	-2+Δ	-9+Δ	-17+Δ	5	9	14
50~80	+30	+10			+13	+18	+28	-2+Δ	-11+Δ	-20+Δ	6	11	16
80~120	+36	+12			+16	+22	+34	-3+Δ	-13+Δ	-23+Δ	7	13	19

轴和孔的另极限偏差可根据轴和孔的基本偏差和标准公差按以下代数式计算。轴的上极限偏差(或下极限偏差):

$$es = ei + IT(或 \ ei = es - IT)$$

孔的上极限偏差(或下极限偏差):

$$ES = EI + IT(或 \ EI = ES - IT)$$

孔、轴的公差带代号。孔、轴的公差代号由基本偏差与公差等级代号组成,并且要用同一号字母书写。例如,ϕ50H8 的含义是公称尺寸为 ϕ50、公差等级为 8 级、基本偏差为 H 的孔的公差带。又如 ϕ50j7 的含义是公称尺寸为 ϕ50、公差等级为 7 级、基本偏差为 j 的轴的公差带。

(3)配合的有关术语

在机器装配中,将公称尺寸相同的、相互结合的孔和轴公差带之间的关系称为配合。

根据机器的设计要求和生产实际的需要,国家标准将配合分为以下三类。

间隙配合,孔的公差带完全在轴的公差带之上,任取其中一对轴和孔相配都成为具有间隙的配合(包括最小间隙为零),如图7-30(a)所示。

过盈配合,孔的公差带完全在轴的公差带之下。任取其中一对轴和孔相配都成为具有过盈的配合(包括最小过盈为零),如图7-30(c)所示。

过渡配合,孔和轴的公差带相互交叠,任取其中一对孔和轴相配,可能是具有间隙的配合,也可能是具有过盈的配合,如图7-30(b)所示。

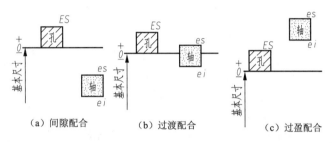

图7-30　配合的种类

（4）国家标准规定的两种基准制

基孔制:基本偏差为一定的孔的公差带,与不同基本偏差的轴的公差带形成各种配合的一种制度。这种制度在同一公称尺寸的配合中,是将孔的公差带位置固定、通过变动轴的公差带位置,得到各种不同的配合,如图7-31(a)所示。

基孔制的孔称为基准孔。国家标准规定基准孔的下极限偏差为零,H为基孔制的基本偏差。

基轴制:基本偏差为一定的轴的公差带,与不同基本偏差的孔的公差带构成各种配合的一种制度称为基轴制。这种制度在同一公称尺寸的配合中,是将轴的公差带位置固定通过变动孔的公差带位置,得到各种不同的配合,如图7-31(b)所示。

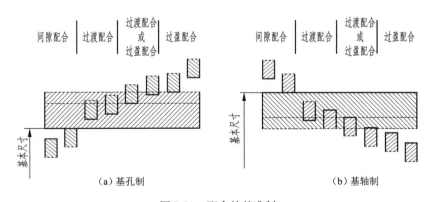

图7-31　配合的基准制

基轴制的轴称为基准轴,国家标准规定基准轴的上极限偏差为零,h为基轴制的基本偏差。从图7-32中可以看出基孔制(基轴制)中,a~h(A~H)用于间隙配合:j~zc(J~ZC)用于过渡配合和过盈配合。

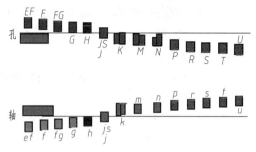

图 7-32　基本偏差代号

（5）公差与配合的选用

选用优先公差带和优先配合。国家标准根据机械工业产品生产使用的需要，考虑到定值刀具、量具的统一，规定了一般用途孔公差带 105 种，轴公差带 119 种以及优先选用的孔、轴公差带。国家标准还规定轴、孔公差带中组合成基孔制常用配合 59 种，优先配合 13 种，基轴制常用配合 47 种，优先配合 13 种。应尽量选用优先配合和常用配合。

选用基孔制：一般情况下优先采用基孔制，这样可以限制定值刀具、量具的规格和数量，基轴制通常仅用于有明显经济效果和结构设计要求不适合采用基孔制的场合。例如，使用一根冷拔的圆钢作轴，轴与几个具有不同公差带的孔配合，此时，轴就不另行加工。一些标准滚动轴承的外环与孔的配合，也采用基轴制。

选用孔比轴低一级的公差等级。在保证使用要求的前提下，为减少加工工作量，应当使选用的公差为最大值。加工孔较困难，一般在配合中孔选用比较低级的公差等级，如 H8/h7。

（6）公差与配合的标注

①在装配图中的标注方法。

配合的代号由两个相互结合的孔和轴的公差带的代号组成，用分数形式表示，分子为孔的公差带代号，分母为轴的公带代号。标注的通用形式如下所示：

$$基本尺寸\frac{孔的公差带代号}{轴的公差带代号}\left(例\ \phi50\ \frac{H8}{h7}\right)$$

②在零件图中的标注方法。

a. 在孔和轴的基本尺寸的右边注出公差代号。孔轴公差代号由基本偏差代号与公差等级代号组成。

b. 在孔或轴的基本尺寸的右边注出该公差带的极限偏差数值，上、下偏差的小数点后的位数必须相同。当上偏差或下偏差为 0 时，要注出数字"0"，并与另一个偏差值小数点前一位数对齐，若上下偏差相等，符号相反时偏差数值只注写一次，并在偏差值与基本尺寸之间些符号"±"且两者数字相同。

c. 在孔或轴的基本尺寸的右边同时注出公差代号和相应的极限偏差数值，此时偏差数值应加上圆括号。

5. 几何公差简介

在制造加工零件时，零件的尺寸要满足尺寸公差，其形状和表面间的相对位置则要满足形状和表面间的相对位置公差。

（1）几何公差的概念

形状误差是指实际形状相对理想形状的变动量。

形状公差是指实际要素的形状所允许的变动全量。

（2）方向、位置、跳动误差和公差

方向、位置、跳动误差是指实际位置相对理想位置的变动量。理想位置是指相对于基准的理想形状的位置而言。方向、位置、跳动公差是指实际要素的位置对基准所允许的变动全量。常用几何公差的符号见表7-7。

表7-7　常见几何公差符号

分类	特征项目	符号	分类		特征项目	符号
形状公差	直线度	—	位置公差	定向	平行度	//
	平面度	▱			垂直度	⊥
	圆度	○			倾斜度	∠
	圆柱度	⌭		定位	同轴度	◎
	线轮廓度	⌒			对称度	⩵
	面轮廓度	⌓			位置度	⊕
				跳动	圆跳动	↗
					全跳动	↗↗

（3）公差带及其形状

公差是由公差值确定的，它是限制实际形状或实际位置变动的区域。公差带的形状有两平行直线、两等距曲线、两同心圆、一个圆、一个球、一个圆柱、一个四棱柱、两同轴圆柱、两平行平面和两等距曲面等。

（4）标注几何公差的方法

标注几何公差时，标准中规定应采用代号的形式标注在图纸上。在生产实际中，当无法采用代号标注时，允许在技术要求中用文字说明。

几何公差的代号由公差符号基准符号、框格、箭头的指引线、公差数值和有关符号组成。公差框格是用细实线画出的矩形方框，水平或垂直放置。框格高度是图样中尺寸数字高度的两倍，即框格中的数字字母符号与图样中的数字等高，高度为 h。图7-33 所示为几何公差的框格形式。

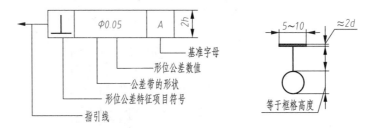

图7-33　几何公差的框格形式

对方向、位置跳动公差有要求的零件，应在图上注明基准代号。基准代号由基准符号、方框、连线和字母组成。基准符号用实心等腰三角形表示，其边应与基准要素的可见轮廓线或轮廓线的延长线接触。方框用细实线绘制，其宽度与高度相同，基准符号与方框之间用细实线相连，连线一端应垂直于方框，另一端垂直于基准符号。方框内填写与公差框格内相应的大写字母，高度与尺寸数字相同。

用带箭头的指引线将被测要素与公差框格一端相连,指引线箭头指向公差带的宽度方向或直径方向。指引线箭头所指部位可有以下几种情况。

当被测要素为整体轴线或公共中心平面时,指引线箭头可直接指在轴线或中心线上。

当被测要素为轴线、球心或中心平面时,指引线箭头应与该要素的尺寸线对齐。

当被测要素为线或表面时,指引线箭头应指向该要素的轮廓线或其引出线上,并应明显地与尺寸线错开。

标注方向、位置、跳动公差,单一要素作为基准时,可按图 7-34 所示标注。基准代号中的字母与框格中的基准字母要一致。基准代号布置在要素的外轮廓线或它的延长线上,但应与尺寸线明显错开。

由两个要素组成的公共基准,公差框格中用由横线隔开的两个大写字母表示,如图 7-34 所示。

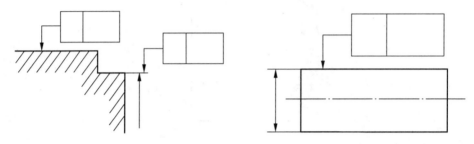

图 7-34　位置公差的标注

同一要素有多项几何公差方框时,可采用与公差框格并列的形式标注。多个被测要素有相同几何公差方框时,可以从公差框格引出的指引线上绘制多个指示箭头,并分别与被测要素相连。

在公差框格的周围(一般是上方或下方),可附加文字以说明公差框格中所标注形位公差的其他附加要求。如说明内容是属于被测要素数量的,规定写在上方;属于解释性的,规定写在下方。

如图 7-35 所示为在零件图上标注几何公差的实例。

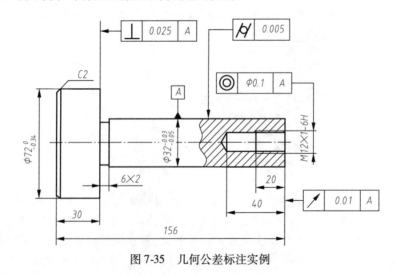

图 7-35　几何公差标注实例

第四节 零件的常见工艺结构

一、零件的工艺结构

零件的结构形状主要是根据它在部件或机器中的作用决定的。但是铸造及机械加工工艺对零件的结构也有一定的要求。因此为了正确绘制图样,必须对常见的工艺结构有所了解。

1. 拔模斜度

为了在铸造时便于将铸件从砂型中取出,一般沿拔模的方向设计出 1°~3° 的斜度,称为拔模斜度。如图 7-36(a)所示,斜度在图上可以不标注,也可以不画出,如图 7-36(b)所示。必要时,可在技术要求中注明。

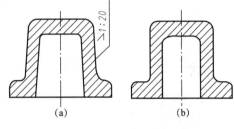

图 7-36 拔模斜度

2. 铸造圆角

对于铸件,它的各相交表面处都应设计成圆角,如图 7-37(a)所示。需要注意:在零件图上,当相交两表面都不进行机械加工时,则应画成圆角;而当相交两表面或其中之一需要加工时,铸造圆角就会被切除,此时应画成尖角,如图 7-37(b)所示。

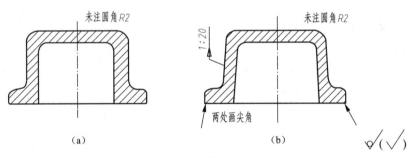

图 7-37 铸造圆角

铸件表面由于圆角的存在,使铸件表面的交线变得不很明显,如图 7-38(a)所示,这种不明显的交线称为过渡线。

过渡线的画法与相贯线画法相同,按没有圆角的情况画出相贯线的投影,画到理论的交点为止,如图 7-38(b)所示。

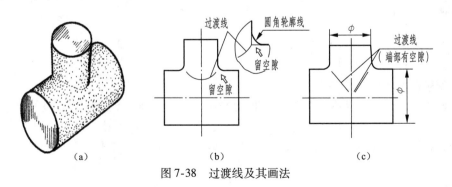

图 7-38 过渡线及其画法

图 7-39 是常见的几种过渡线的画法。

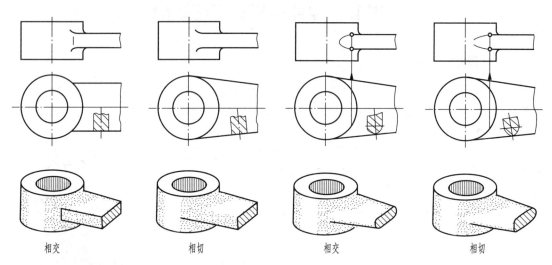

相交　　　　　相切　　　　　相交　　　　　相切

图 7-39　零件上的板与圆柱相切、相交时，过渡线的画法

3. 铸件壁厚

在浇铸零件时，为了避免各部分因冷却速度不同而产生缩孔或裂纹，铸件的壁厚应保持大致均匀或采用渐变的方法，并尽量保持壁厚均匀，如图 7-40 所示。

二、机械加工艺结构

1. 倒角与倒圆

机械加工后，铸件的圆角被切去，出现了尖角。为了便于零件的装配和保护装配面不受损伤，一般在轴、孔的端部加工出 45°的倒角。为了避免应力集中产生的裂纹，在轴肩处往往加工成圆角的过渡形式，称为倒圆。两者的画法和标注方法如图 7-41 所示。

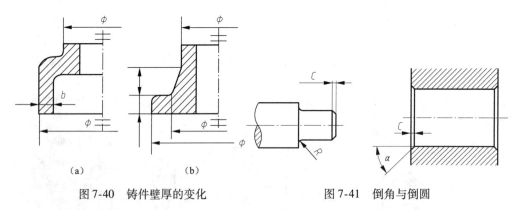

（a）　　　　　　　（b）

图 7-40　铸件壁厚的变化　　　　　　图 7-41　倒角与倒圆

2. 螺纹退刀槽

零件在切削加工中（特别是在车螺纹和磨削过程中），为了便于退出刀具或使被加工表面完全被加工，常常在零件的待加工面的末端，加工出退刀槽或砂轮越程槽。在切削加工，特别是在车削螺纹和磨削时，为便于退出刀具，且不损坏刀具，以及在装配时与相邻零件保证靠紧，常在待加工面的末端先加工出退刀槽，如图 7-42 所示。

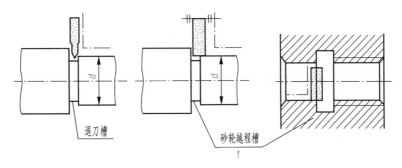

图 7-42 退刀槽和砂轮越程槽

3. 钻孔结构

用钻头加工盲孔时,由于钻头尖部有 120°的圆锥面,所以盲孔的底部总有一个 120°圆锥面。扩孔加工也将在直径不等的两柱面孔之间留下 120°的圆锥面。

钻孔时,应尽量使钻头垂直于孔端面,否则易将孔钻偏或将钻头折断。当孔的端面是斜面或曲面时,应先把该平面铣平或制作成凸台或凹坑等结构,如图 7-43 所示。

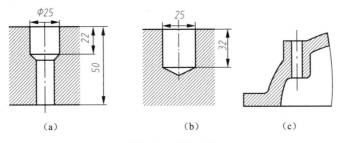

图 7-43 钻孔结构

用钻头钻孔时,要求钻头轴线尽量垂直于被钻孔的零件端面,以保证钻孔准确并避免钻头折断。

4. 凸台和凹坑

为了保证零件表面间有良好的接触,零件与其他零件的接触面一般都要进行加工。为了降低零件的加工费用,就必须减小零件的加工面积,因此常在零件上设计出凸台或凹坑,如图 7-44 所示。

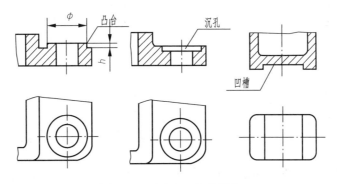

图 7-44 凸台和凹坑等结构

第五节　读零件图

1. 读零件图时,应达到如下要求。

(1)了解零件的名称、材料和用途。

(2)了解组成零件各部分结构形状的特点、功用以及它们之间的相对位置。

(3)了解零件的制造方法和技术要求。

2. 读零件图的方法步骤

现以图 7-45 为例来说明读零件图的方法和步骤。

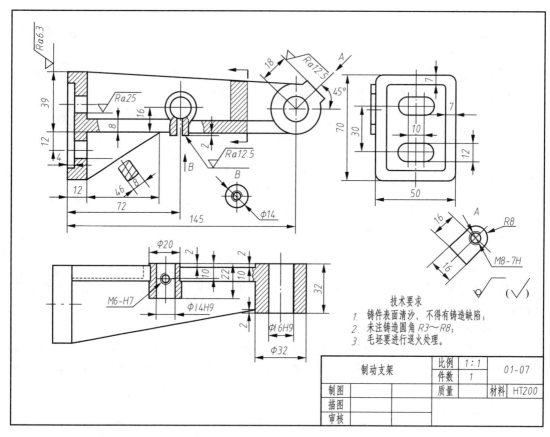

图 7-45　制动支架零件图

(1)看标题栏

从标题栏中了解零件的名称(制动支架)、材料(HT200)等。

(2)表达方案分析

可按下列顺序进行分析。

①找出主视图。

②分析所用视图数量、采用的表达方法等,找出它们的名称、相互位置和投影关系。

③凡有剖视图、断面图时要找到剖切平面的位置。

④有局部视图和斜视图的地方,必须找到表示投射部位的字母和表示投射方向的箭头。

⑤分析有无局部放大图及简化画法。

该支架零件图由主视图、俯视图、左视图、一个局部视图、一个斜视图和一个移出断面组成。主视图上用了两个局部剖视和一个重合断面,俯视图上也用了两个局部剖视,左视图只画外形图,用来补充表示某些形体的相关位置。

(3)进行形体分析和线面分析

①先看大致轮廓,再分几个较大的独立部分进行形体分析,逐步看懂。

②对外部结构逐个分析。

③对内部结构逐个分析。

④对不便于形体分析的部分进行线面分析。

(4)进行尺寸分析

①进行形体分析和结构分析,了解定形尺寸和定位尺寸。

②根据零件的结构特点,了解基准和尺寸标注的形式。

③了解功能尺寸与非功能尺寸。

④了解零件总体尺寸。

制动支架各部分的形体尺寸按形体分析法确定。标注尺寸的基准是:长度方向以左端面为基准,从它注出的定位尺寸有 72 mm 和 145 mm;宽度方向以已经加工的右圆筒端面和中间圆筒端面为基准,从它注出的定位尺寸有 2 mm 和 10 mm;高度方向的基准是右圆筒与左端底板相连的水平板的底面,从它注出的定位尺寸有 12 mm 和 16 mm。

把零件的结构形状、尺寸标注、工艺和技术要求等内容综合起来,就能了解零件的全貌,也就看懂了零件图。

第六节 零件的测绘

零件的测绘就是根据实际零件画出它的图形,测量出它的尺寸并制订出技术要求。测绘时,首先应徒手画出零件草图,然后根据该草图绘制出零件工作图。

1. 画零件草图的方法和步骤

草图的画法(徒手绘图)之前已经讨论过,熟练地掌握草图的画法,对零件草图的绘制非常重要。

(1)了解和分析测绘对象

在画零件草图之前,应对零件进行详细分析,了解零件的名称、用途、材料以及它在机器(或部件)中的位置和作用然后对该零件进行结构分析和制造方法的大致分析。

(2)确定零件的表达方案

根据上述分析,确定零件的主视图再根据零件的内、外结构特点,选用必要的其他视图,并确定视图数量和表达方法。

(3)绘制零件草图

下面以套筒零件为例,说明绘制零件草图的步骤。

①在图纸上定出各视图的位置,选定绘图比例,确定适当图幅,绘出图框和标题栏。画出各视图的基准线、中心线,确定各视图的位置。

②正确地画出零件外部的结构形状。

③注出零件各表面的粗糙度符号,选择基准尺才线、尺寸界线及箭头,确认无误后,描深轮廓线,完成视图。

④测量尺寸,将尺寸数字标入图中,标注各表面粗糙度数值,确定尺寸公差;填写技术要求和

标题栏。

2. 画零件工作图的方法步骤

零件草图是在现场测绘的。由于时间、地点的限制,所考虑的问题不一定很全面。因此,在画零件工作图时,需要对草图再进行审核。有些参数要进一步设计、计算和选用,如表面粗糙度、几何公差、材料及表面处理等;有些问题也需要重新加以考虑,如表达方案的选择、尺寸的标注等,经过复查、补充、修改后方可画出零件图。画零件图的方法和步骤如下。

(1)选择绘图比例。根据零件的复杂程度选择比例,尽量选用1∶1以便于看图和零件的加工。

(2)确定幅面。根据视图数量、尺寸、技术要求等所需空间大小选择标准图幅。

(3)画底图。面底图时,应按如下步骤进行。

①定出各视图的基准线。

②画出各视图。

③标出尺寸。

(4)校核。零件图的所有内容完成后,需对其进行校核,发现错误及时更正。

(5)加深。按顺序加深所有的粗实线,并保持线条的粗细一致。

(6)注写尺寸数字、画箭头,注写技术要求,填写标题栏。

(7)审核。零件工作图画好后,还需要进一步审核。各项内容都准确无误时,零件工作图就完成了。

3. 零件测绘时的注意事项

(1)零件的制造缺陷,如砂眼、气孔、刀痕、磨损等,都不应画出。

(2)零件上因制造、装配需要而形成的工艺结构,如铸造圆角、倒角等必须画出。

(3)有配合关系的尺寸(如配合的孔与轴的直径),一般只需测出它的公称尺寸,其配合性质和相应的公差值应在分析考虑后查阅有关手册确定。

(4)没有配合关系的尺寸或不重要的尺寸,允许将测量所得尺寸作适当调整。

(5)对螺纹键槽、轮齿等标准结构的尺寸,应把测量的结果与标准值对照,一般均采用标准的结构尺寸,以便于制造。

第八章 装配图

第一节 装配图的作用和内容

一、装配图的作用

装配图是制订装配工艺规程,进行装配、检验、安装及维修的重要技术文件,也是设计、装配、调试、检验、安装、使用、维修和测绘等过程的依据。

设计人员在设计时,首先绘制出装配图,再根据装配图的要求拆绘出零件图。

二、装配图的内容

装配图应包括以下内容。

1. 一组视图

装配图中的视图用以表示装配体(机器或部件)的工作原理、各组成部分的装配连接关系、连接方式、相对位置以及动力的传动路线等。

2. 几类尺寸

装配图中标注的尺寸主要是装配体的性能规格尺寸、装配尺寸、安装尺寸、总体尺寸及其他重要尺寸。

3. 技术要求

装配图中的技术要求主要用来说明机器或部件在装配、调整、检验、安装、使用、维修和测绘等过程中应达到的技术要求和指标。

4. 零件序号和明细栏

将各零件按一定的顺序进行编号,并在明细栏中对应填写各零件的编号、名称、图号、材料、数量等内容。

第二节 装配图的表达方法

一、装配图的规定画法

(1)相邻两零件的接触表面和配合表面只画一条线,非接触表面和非配合表面画两条线,如图 8-1、图 8-2 所示。

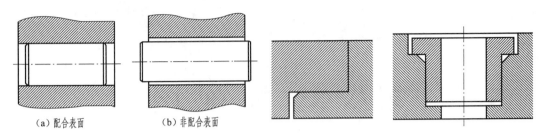

（a）配合表面　　　　　　　（b）非配合表面

图 8-1　配合表面和非配合表面的画法　　　　　图 8-2　接触表面和非接触表面的画法

（2）两个（或两个以上）零件邻接时，剖面线的倾斜方向应相反或间隔不同。但同一零件在各视图上的剖面线方向和间隔必须一致，如图 8-3 所示。

（3）标准件和实心件按不剖绘制。当削切平面通过螺栓、螺钉、螺母、垫圈、键、销等标准件及轴、杆、球等实心件的轴线或纵向对称面时，这些零件按不剖绘制，如图 8-4 所示。

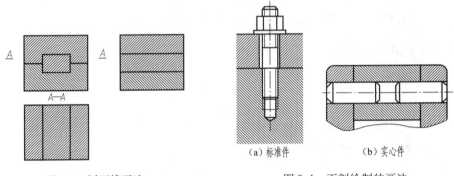

（a）标准件　　　　　（b）实心件

图 8-3　剖面线画法　　　　　　　图 8-4　不剖绘制的画法

二、装配图的特殊表达方法

1. 拆卸画法

为了表达装配体中被上面零件遮住的下面零件的内部结构及装配关系，可假想将上面的零件拆卸后绘制，并在该图上方标注"拆去 XX 等"，如图 8-5 所示。俯视图右半部分即为拆去轴承盖、上轴瓦等零件后画出的。

2. 沿结合面剖切画法

为了表达装配体中某些内部结构及装配关系：可假想沿某些零件的结合面进行剖切后绘制。如图 8-6 所示，A—A 为沿轴承盖与轴承座的结合面剖切后的视图，此时零件的结合面不画剖面线，被剖切面截断的其他零件应画剖面线。

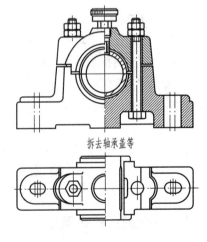

拆去轴承盖等

图 8-5　滑动轴承

3. 单独表示某个零件

在装配图中为了表达某个主要零件的结构，可单独画出该零件的某个视图，还应在该视图的上方标注零件 X，并标注投射方向。如图 8-6 所示视图 B 则单独表达了泵盖的左视图。

4. 夸大画法

在装配图中绘制厚度或直径较小的薄片零件、细丝零件、较小的斜度成锥度，而这些零件又无法按实际比例画出时，允许将这些结构不按比例夸大画出。如图 8-6 所示为垫片的夸大画法。

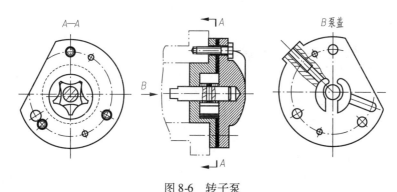

图 8-6　转子泵

5. 假想画法

在装配图中当需要表达与本装配体有关，但不属于本装配体的相邻零（部）件时或者在装配图中当需要表达运动机件的极限位置时，可用双点画线画出该运动零件极限位置的外形轮廓图，如图 8-7、图 8-8 所示。

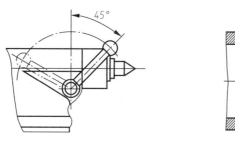

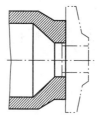

图 8-7　手柄极限位置　　　　图 8-8　相邻零（部）件

6. 展开画法

为了表达某些重叠的装配关系，如多级传动变速箱，需要表示出齿轮传动顺序和装配关系，可以假想将空间轴系按其传动顺序展开在一个平面上，画出剖视图，这种画法称为展开画法，图 8-9 所示为挂轮架装配图。

7. 简化画法

（1）在装配图中，零件的工艺结构，如倒角、圆角和退刀槽等可省略不画。

（2）在装配图中，螺母和螺栓头部允许采用简化画法。当绘制相同的螺纹紧固件组时，允许只画出一处，其余用细点画线表示出其中心位置即可，如图 8-10 所示。

（3）在装配图中，绘制滚动轴承时，一般一半采用规定画法，另一半采用简化画法，如图 8-10 所示。

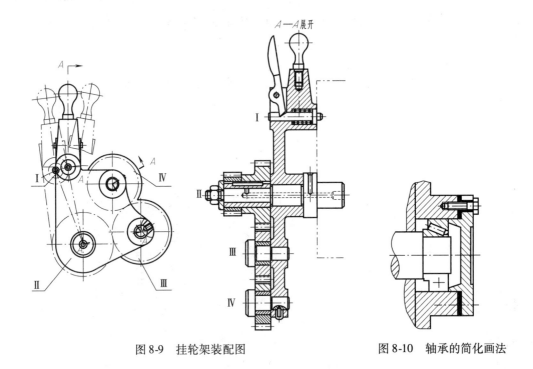

图 8-9　挂轮架装配图　　　　　　　　　　图 8-10　轴承的简化画法

第三节　装配图中的尺寸标注及技术要求

一、装配图的尺寸标注

装配图与零件图表达的内容不同,因此对尺寸标注的要求也不同。装配图中应标注必要的尺寸进一步说明机器的性能、工作原理、装配关系和安装要求等。一般需要标注以下几类尺寸。

1. 性能(规格)尺寸

性能(规格)尺寸是表示部件的性能和规格的尺寸,是设计时确定的尺寸,也是选用产品的主要依据。图 8-11 所示球阀通孔的直径值为 25 mm,是控制流量大小的主要参数。

2. 装配尺寸

装配尺寸表示机器或部件上有关零件间的装配尺寸。它包括配合尺寸和相对位置尺寸。

(1)配合尺寸。配合尺寸是表示两个零件之间配合性质的尺寸。如图 11-11 所示的阀体和阀体接头的配合尺寸 $\phi54H11/d11$、阀杆和螺纹压环的配合尺寸 $\phi16\ H11/d11$ 等。

(2)相对位置尺寸。相对位置尺寸是表示装配机器或拆画零件图时,需要保证的、影响其性能的重要零件间的相对位置尺寸,如图 8-11 中所示的尺寸 51 mm。

3. 安装尺寸

安装尺寸是将部件安装到机座或地基上或与其他机器或部件相连接时所需要的尺。如图 8-11中所示的尺寸 56 mm×56 mm。

4. 外形尺寸

外形尺寸是表示机器或部件外形轮廓的长、宽、高三个方向上的最大尺寸。如图 8-11 中所示的尺寸 150 mm、107 mm、80 mm×80mm、98 mm 等。

5. 其他重要尺寸

其他重要尺寸是设计时计算确定或选定的,但又没有包含在上述四类尺寸中的重要尺寸。这类尺寸在拆画零件图时不能改变。

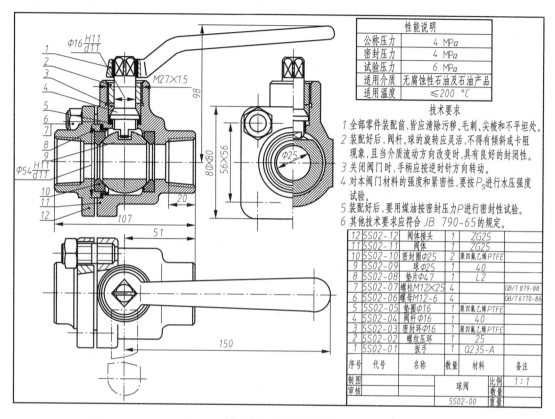

性能说明	
公称压力	4 MPa
密封压力	4 MPa
试验压力	6 MPa
适用介质	无腐蚀性石油及石油产品
适用温度	≤200 ℃

技术要求

1. 全部零件装配前,皆应清除污秽、毛刺、尖棱和不平坦处。
2. 装配好后,阀杆、球的旋转应灵活,不得有倾斜或卡阻现象,且当介质流动方向改变时,具有良好的封闭性。
3. 关闭阀门时,手柄应按逆时针方向转动。
4. 对本阀门材料的强度和紧密性,要按 P_s 进行水压强度试验。
5. 装配好后,要用煤油按密封压力 P 进行密封性试验。
6. 其他技术要求应符合 JB 790-65 的规定。

序号	代号	名称	数量	材料	备注
12	5S02-12	阀体接头	1	ZG25	
11	5S02-11	阀体	1	ZG25	
10	5S02-10	密封圈Φ25	2	聚四氟乙烯PTFE	
9	5S02-09	球Φ25	1	40	
8	5S02-08	垫片Φ47	1	L2	
7	5S02-07	螺柱M12×25	4		GB/T 879-88
6	5S02-06	螺母M12-6	4		GB/T 6170-86
5	5S02-05	垫圈Φ16	1	聚四氟乙烯PTFE	
4	5S02-04	阀杆Φ16	1	40	
3	5S02-03	密封环Φ16	1	聚四氟乙烯PTFE	
2	5S02-02	螺纹压环	1	25	
1	5S02-01	扳手	1	Q235-A	

制图		球阀	比例	1:1
审核			数量	
		5S02-00	重量	

图 8-11　球阀装配图

二、装配图的技术要求

在图形中无法用代号或符号表达的对机器或部件在包装、运输、安装、调试和使用等过程中应满足的一些技术要求及注意事项,应该用文字的形式写在明细栏的上方或左边,如图 8-11所示。

第四节　装配图中的零部件序号和明细栏

为了便于阅读和管理图样,以及统计零件数量,进行生产的准备工作,装配图上必须对每个零件和部件编注序号,并填写明细栏。

一、零部件序号的编排方法

1. 编写零部件序号的方法

零部件序号的编排方法通常有以下两种。

(1)将装配图上所有零件(包括标准件)按一定顺序编写序号。

(2)将装配图上所有零件(标准件除外)按一定顺序编号,而将标准件的国家标准号直接注写在图样上。

2. 零部件序号的标注方法

序号应写在视图、尺寸的范围之外。指引线应从连接的可见轮廓内引出,用细实线绘制,并在指引线末端画一小圆点,如图 8-12(a)所示,在轮廓外的指引线一端画小段细实线的水平线或圆,序号的字高比该装配图中所注尺寸数字高度大一号或两号;也可以不画水平线或圆,但序号的字高比该装配图中所注尺寸数字高度大两号。同一装配图中标注序号的形式应一致。

若在所指部分不易画圆点时(很薄的零件或涂黑的剖面区域),可在指引线末端画出指向该部分的箭头,如图 8-12(b)所示。

3. 标注零部件序号的注意事项

(1)相同零件只对其中一个进行编号,其数量填在明细栏内。

(2)指引线不能相交,在通过剖面线的区域时指引线不能与剖面线平行。必要时指引线允许曲折一次,如图 8-12(c)所示。

(3)对于一组紧固件或装配关系清楚的零件组,可采用公共指引线,如图 8-12(d)所示。

(4)零件编号应按顺时针或逆时针方向顺序编号,全图按水平方向或垂直方向整齐排列,并应标注在视图外侧。

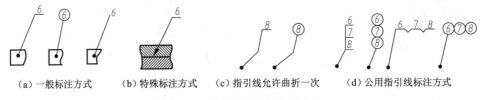

(a)一般标注方式　(b)特殊标注方式　(c)指引线允许曲折一次　(d)公用指引线标注方式

图 8-12　零部件序号的标注方法

二、明细栏

明细栏是指装配图中所有零部件的详细目录,应该画在标题栏的上方,如图 11-13 所示。如果位置不够,还可加画在标题栏的左侧。明细栏的竖线以及与标题栏的分界线为粗实线,其余为细实线。零件序号按从小到大的顺序由下而上填写,以便添加漏画的零件。

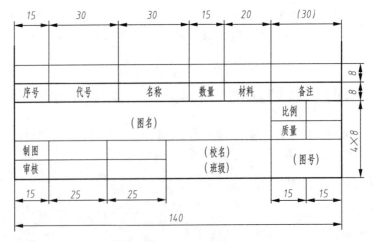

图 8-13　明细栏

第五节 由零件图画装配图

一、画图前需要考虑的问题

1. 了解和分析装配体

要正确地表达一个装配体必须首先了解和分析它的用途、工作原理、结构特点以及装拆顺序等情况。这些情况可通过观察实物,阅读有关技术资料和类似产品图样及咨询有关人员来学习和了解。

如图 8-14 所示,滑动轴承是支承传动轴的一个部件,轴在轴瓦内旋转。轴瓦由上、下两块组成分别嵌在轴承盖和轴承座上,轴承盖和轴承座用一对螺栓和螺母连接在一起。为了用加垫片的方法来调整轴瓦和轴配合的松紧,轴承盖和轴承座之间应留有一定的间隙。图 8-14 为滑动轴承的装配图。

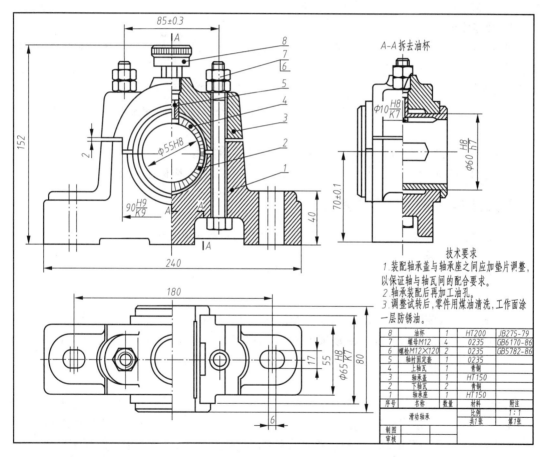

图 8-14　滑动轴承的装配图

2. 拆卸装配体

在拆卸前,应准备好有关的拆卸工具,以及放置零件的用具和场地,然后根据装配件的特点,按照一定的拆卸次序,正确地依次拆卸。拆卸过程中,对每个零件应贴上标签,做好编号。

对拆下的零件要分区分组,放在适当的地方,以免混乱和丢失,这样也便于测绘后的重新装配。

对不可拆连接的零件和过盈配合的零件应不拆卸,以免损坏零件。

3. 画装配示意图

装配示意图一般是用简单的图线画出装配体各零件的大致轮廓,以表示其装配位置、装配关系和工作原理等情况的简图。国家标准《机械制图　机构运动简图用图形符号》(GB/T 4460—2013)中规定了一些零件的简单符号,画图时可以参考使用。

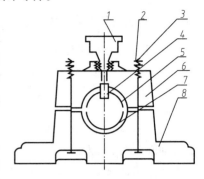

图 8-15　滑动轴承装配示意图

画装配示意图应在对装配体全面了解、分析之后画出,并在拆卸过程中进一步了解装配体内部结构和各件之间的关系,进行修正、补充,以备将来正确地画出装配图和重新装配装配体之用。图 8-15 为滑动轴承装配示意图。

4. 画零件草图

把拆下的零件逐个地徒手画出其零件草图。对于一些标准件,如螺栓、螺钉、螺母、垫圈、键和销等可以不画,但需确定它们的规定标记。

画零件草图时应注意以下三点:

(1)对于零件草图的绘制,除了图线是用徒手完成的外,其他方面的要求均和画正式的零件工作图一样。

(2)零件的视图选择和安排应尽可能地方便装配图的绘制。

(3)零件间有配合、连接和定位等关系的尺寸,在相关零件上应标注一致。

二、画装配图的方法和步骤

根据装配体各组成件的零件草图和装配示意图就可以画出装配图。

1. 拟定表达方案

拟定表达方案应包括选择主视图,确定视图数量和各视图的表达方法。

(1)选择主视图。

主视图一般按装配体的工作位置选择,并使其能够反映装配体的工作原理、主要装配关系和主要结构特征。如图 8-14 所示的滑动轴承,因正面能反映出主要结构特征和装配关系,故选择正面作为主视图方向;又因该轴承内外结构形状都对称,故画成半剖视图。

(2)确定视图数量和表达方法。

只靠一个视图是不能把所有的情况全部表达清楚的,因此,就需要有其他视图作为补充,并应考虑以何种表达方法能做到易读、易画。如图 8-14 所示的滑动轴承的俯视图表示了轴承顶面的结构形状,为了更清楚地表示下轴瓦和轴承座之间的接触情况,以及下轴瓦的油槽形状,在俯视图右边采用了拆卸画法。在左视图中,由于该图形是对称的,故取 A—A 半剖视,这样既完善了对上轴瓦和轴承盖及下轴瓦和轴承座之间装配关系的表达,也兼顾了轴承座外形的表达。油杯属于标准件,在主视图中已有表示,因此在左视图中由于已拆掉不画。

2. 画装配图的步骤

(1)根据所确定的视图数目图形的大小和采用的比例,选定图幅并进行布局。在布局时,应留出标注尺寸,编注零件序号,书写技术要求,画标题栏和明细栏的位置。

(2)画出图框、标题栏和明细栏。

(3)画出各视图的主要中心线及基准线等。

(4)画出各视图主要部分的底稿,通常可以先从主视图开始。根据各视图所表达的主要内容不同,可采取不同的方法着手。如果是画剖视图,则应从内向外画,这样被遮住的零件轮廓线就可以不画。如果是画外形视图,一般则是从大的或主要的零件着手。

(5)画次要零件、小零件及各部分的细节。

(6)画剖面线并加深。在画剖面线时,主要的剖视图可以先画。最好画完一个零件所有的剖面线,再开始画另外一个,以免剖面线方向及间距出现错误。

(7)注出必要的尺寸。

(8)编注零件序号,并填写明细栏、标题栏及技术要求等。

(9)仔细检查全图并签名,完成全图。

第六节　读装配图和拆画零件图

一、读装配图的方法和步骤

在实际设计和生产工作中,经常要阅读装配图。例如,在设计过程中,要按照装配图来设计和绘制零件图;在安装机器及其部件时,要按照装配图来装配零件和部件;在技术学习或技术交流时,要参阅有关装配图才能了解和研究一些工程技术的有关问题。

读装配图要了解的内容如下。

(1)了解装配体的功用、性能和工作原理。

(2)明确各零件间的装配关系和装拆次序。

(3)看懂各零件主要结构的形状和作用等。

(4)了解装配图中技术要求的各项内容。

下面以图 8-16 所示齿轮油泵的装配图为例来说明读装配图的方法和步骤。

1. 概括了解装配图的内容

(1)从标题栏中可以了解装配体的名称、大致用途及绘图的比例等。

(2)从零件编号及明细栏中,可以了解零件的名称、数量及在装配体中的位置。

(3)分析视图,了解各视图、剖视、断面等相互间的投影关系及表达意图。

由图 8-16 可知该装配体为齿轮油泵。它是一种供油装置,共由 10 个零件组成,画图的比例为 1:1。

在装配图中,主视图采用 A—A 剖视,表达了齿轮泵的装配关系。左视图沿左泵盖与泵体结合面剖开,并在出油口处采用了局部剖视,表达了一对齿轮的啮合情况及进出口油路。由于油泵在此方向内、外结构形状对称,故此视图采用了沿结合面剖切的半视图的表达方法。俯视图是齿轮油泵的外形视图,因其前后对称,故只画了略大于一半的图形。

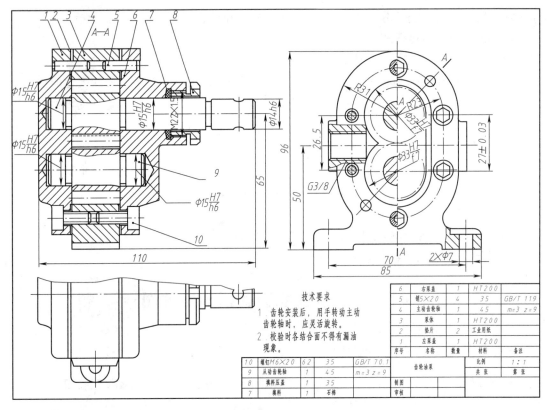

6	右泵盖	1	HT200	
5	销5×20	4	35	GB/T 119
4	主动齿轮轴	1	45	m=3 z=9
3	泵体	1	HT200	
2	垫片	2	工业用纸	
1	左泵盖	1	HT200	
序号	名称	数量	材料	备注

10	螺钉M6×20	62	35	GB/T 70.1		齿轮油泵		比例	1:1
9	从动齿轮轴	1	45	m=3 z=9				共 张	第 张
8	填料压盖	1	35		制图				
7	填料	1	石棉		审核				

技术要求

1 齿轮安装后,用手转动主动
齿轮轴时,应灵活旋转。

2 校验时各结合面不得有漏油
现象。

图8-16　齿轮油泵的装配图

2. 分析工作原理及传动关系

装配体的工作原理一般应从传动关系入手,分析视图及参考说明书进行了解。齿轮油泵的工作原理如图8-17所示,当外部动力经齿轮传至主动齿轮轴时,即产生旋转运动。当主动齿轮轴按逆时针方向旋转时,从动齿轮轴则按顺时针方向旋转。此时右边啮合的轮齿逐渐分开,空腔体积逐渐扩大,油压降低,因而油池中的油在大气压力的作用下,沿进油口进入泵腔中,齿槽中的油随着齿轮的继续旋转被带到左侧;当左侧的轮齿重新啮合,空腔体积缩小,使齿槽中不断挤出的油成为高压油,并由出油口压出,经管道输送到需要供油的部位。

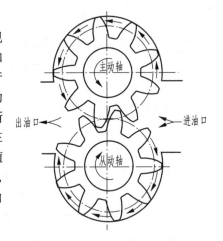

图8-17　齿轮油泵的工作原理

3. 分析零件间的装配关系及装配体的结构

进一步深入读装配图的阶段,需要明确零件间的装配关系及装配体结构。齿轮油泵主要有两条装配线,一条是主动齿轮轴系,主动齿轮轴装在泵体、左泵盖和右泵盖的轴孔内,主动齿轮轴右边为伸出端,装有填料及填充压盖等;另一条是从动齿轮轴系,从动齿轮轴也是装在泵体、左泵盖和右泵盖的轴孔内,与主动齿轮啮合在一起。

对于装配体的结构可从下列内容入手进行分析。

(1)连接和固定方式

在齿轮油泵中,左泵盖和右泵盖都是靠螺钉与泵体连接并用销来定位。填料是由填料压盖将其拧压在右泵盖的相应的孔槽内。两齿轮轴向定位是靠两泵盖端面及泵体两侧面分别与齿轮两端面接触。

（2）配合关系

凡是配合的零件，都要弄清基准制，配合种类、公差等级等。可由图 8-16 中所标注的公差与配合代号来判别，如两齿轮轴与两泵盖轴孔的配合均为 $\phi15H7/h6$。两齿轮与两齿轮腔的配合均为 $\phi33H7/f7$。它们都是间隙配合，都可以在相应的孔中转动。

（3）密封装置

泵、阀类部件，为了防止液体或气体泄漏以及灰尘进入内部，一般都有密封装置。在齿轮油泵中，主动齿轮轴伸出端有填料及用来压填料的填料压盖；两泵盖与泵体接触面间放有垫片，它们都是用来防止油泄漏的密封装置。

齿轮油泵的拆卸顺序是：先拧下左、右泵盖上各六个螺钉，两泵盖、泵体和垫片即可分开；再从泵体中抽出两齿轮轴，然后把填料压盖从右泵盖上拧下。对于销和填料可不必从泵盖上取下，如果需要重新装配上，可按拆卸的相反次序进行。

4. 分析零件，看懂零件的结构形状

分析零件，首先要正确区分零件，区分零件的方法主要是依靠不同方向和不同间隔的剖面线，以及各视图之间的投影关系进行判别。分析时一般从主要零件开始，再分析次要零件。例如，分析泵体的结构形状时，首先从标注序号的主要视图中找到泵体，并确定泵体的视图范围；然后用对线条的方法找投影关系，以及根据同一零件在各个视图中剖面线应相同这一原则来确定其在俯视图和左视图中的投影。这样就可以根据从装配图中分离出来的泵体的三个投影进行分析，读懂它的结构形状。

5. 总结归纳

以上是读装配图的一般方法和步骤，有些步骤不能孤立分开，需要交叉进行，一般情况下，读装配图时会有一个具体的目的，在读装配图的过程中应围绕着这个目的去分析研究。

二、由装配图拆画零件图

由装配图拆画零件图是设计过程的重要工作，也是检验看装配图和画零件图的一种常用方法。必须在全面看懂装配图的基础上，按要求拆画零件图。

1. 拆画零件图的步骤

（1）认真阅读装配图，全面深入地了解设计意图，明确装配体的工作原理、装配关系、技术要求和每个零件在装配体中的作用及其结构形状。

（2）根据零件图视图表达的要求，确定各零件的视图表达方案。

（3）根据零件图的内容和绘图要求，画出零件工作图。

注意，区分零件图与装配图在视图内容、表达方法、尺寸标注等方面的不同。

2. 拆画零件图要处理的几个问题

（1）零件分类。

通过装配图将零件分为标准件、常用件和一般零件。标准件无须拆画，主要拆画一般零件。

（2）对表达方案的处理。

由于零件图在视图内容表达方法、尺寸标注等方面与装配图不同，零件的视图表达方案应根据零件的结构形状特征来确定，不一定与装配图完全一致。

（3）对零件结构形状的处理。

在装配图中，零件的某些工艺结构，如倒角、圆角、退刀槽等可以不画。在拆画零件图时，应根据设计和工艺要求,补画出这些结构。

(4)对零件图上尺寸的处理。

零件图的尺寸除了装配图中已标注的尺寸外,其余尺寸都应从装配图上按比例直接量取并圆整。与标准件连接或配合的尺寸,如螺纹、倒角、退刀槽等,都要查标准圆整后注出。有配合要求的表面,要注出尺寸的公差带代号或偏差数值。

(5)关于零件图中的技术要求。

零件的技术要求除在装配图中已标出的(如极限与配合)可直接应用到零件图上外,其他技术要求,如表面粗糙度、形位公差等,应根据零件的功用,通过查表或参照类似产品确定。

对于零件的表面粗糙度标注,应根据零件各表面的作用和工作要求,注出表面粗糙度代号。对于配合表面,一般表面粗糙度 Ra 值取 $0.8 \sim 3.2$ μm。公差等级较高的表面,其表面粗糙度 Ra 取较小值;对于接触表面,一般表面粗糙度 Ra 值取 $3.2 \sim 6.3$ μm。如零件的定位底面,表面粗糙度 Ra 可取 3.2 μm,一般端面可取 6.3 μm 等;对于需加工的自由表面(不与其他零件接触的表面),一般表面粗糙度 Ra 值可取 $12.5 \sim 25$ μm,如螺栓孔等。

图 8-18 是根据图 8-16 齿轮油泵装配图所拆画的泵体零件图。

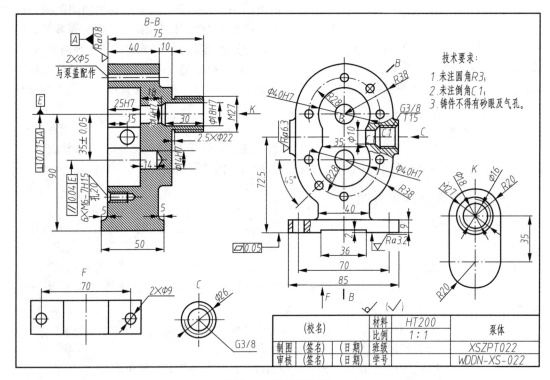

图 8-18　泵体零件图

第九章　电气图形符号及制图规则

电气图是电气工程图的简称,是用各种电气符号、带注释的图框、简化的外形表示的系统、设备、装置、元件的相互关系或连接关系的一种简图。电气图阐述电路的工作原理,描述电气产品的构成和功能,用来指导各种电气设备、电气电路的安装接线、运行、维护和管理。电气图是沟通电气设计人员、安装人员和操作人员的工程语言,是进行技术交流不可缺少的重要手段。

为了熟练地识读各种电路图,首先要了解并记住电路图中的各种电气图形符号、文字符号所代表的电气设备或器件;其次需要掌握电气制图的一般规则。

第一节　电气符号

电气符号包括图形符号、文字符号、项目代号和回路标号等,它们相互关联、互为补充,以图形和文字的形式从不同角度为电气图提供了各种信息。只有弄清楚电气符号的含义、构成及使用方法,才能正确地看懂电气图。

一、图形符号

图形符号通常用于图样或其他文件,以表示一个设备(如电动机)或概念(如接地)的图形、标记或字符。图形符号是构成电气图的基本单元,正确、熟练地理解、绘制和识别各种电气图形符号是绘制和看懂电气图的基础。

1. 图形符号基本形式

图形符号有符号要素、一般符号、限定符号和方框符号四种基本形式,在电气图中,一般符号和限定符号最为常用。

①符号要素。符号要素是指一种具有确定意义的简单图形,通常表示电气元件的轮廓或外壳。符号要素必须同其他图形符号组合,以构成表示一个设备或概念的完整符号。如接触器的动合主触点的符号,如图9-1(c)所示,就由接触器的触点功能符号[图9-1(b)]和动合触点符号[图9-1(a)]组合而成。

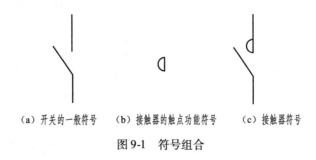

(a) 开关的一般符号　　(b) 接触器的触点功能符号　　(c) 接触器符号

图9-1　符号组合

符号要素不能单独使用,而通过不同形式组合后,即能构成多种不同的图形符号。

②一般符号。一般符号是用以表示一类产品或此类产品特征的一种简单符号。一般符号可直接应用,也可加上限定符号使用。如"○"为电动机的一般符号,"┤┣"为接触器或继电器线圈的一般符号。

③限定符号。限定符号是用来提供附加信息的一种加在其他图形符号上的符号。一般不能单独使用,与其他符号组合使用。

限定符号的应用,使图形符号具有多样性。例如,在电阻器一般符号的基础上,分别加上不同的限定符号,则可得到可变电阻器、滑线变阻器、压敏电阻器、热敏电阻器、光敏电阻器和碳堆电阻器等。

④方框符号。方框符号是用正方形或矩形轮廓框表示较复杂电气装置或设备的简化图形。它一般高度概括其组合,不给出内部元器件、零部件及其连接细节,用在框内的限定符号、文字符号共同表示某产品的功能。它通常用于单线表示法的电气图中,也可用在表示出全部输入和输出接线的电气图中。

2. 图形符号的使用

①图形符号表示的状态。图形符号是按未得电、无外力作用的"自然状态"画成的。例如,开关未合闸;继电器、接触器的线圈未得电,其被驱动的动合触点处于断开位置,而动断触点处于闭合位置;断路器和隔离开关处于断开位置;带零位的手动开关处于零位位置,不带零位的手动开关处于图中规定的位置等。

②尽可能采用优选符号。某些设备或电气元件有几个图形符号,在选用时应尽可能采用优选符号,尽量采用最简单的形式,在同类图中应使用同一种形式。

③突出主次。为了突出主次和区别不同用途,图形符号的尺寸大小、线条粗细依国家标准可放大与缩小。例如,电力变压器与电压互感器、发电机与励磁机、主电路与辅助电路、母线与一般导线等的表示。但是在同一张图样中,同一符号的尺寸应保持一致,各符号间及符号本身比例应保持不变。

④符号方位。标准中示出的符号方位,在不改变符号含义的前提下,可根据图面布置的需要旋转或成镜像放置,但文字和指示方向不得倒置。

有方位规定的图形符号为数很少,但在电气图中占重要位置的各类开关和触点,当其符号呈水平形式布置时,应下开上闭:当符号呈垂直形式布置时,应左开右闭,如图9-2所示。

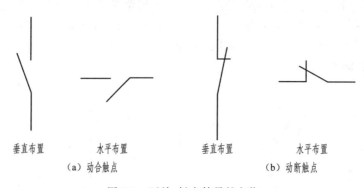

垂直布置　　　　水平布置　　　　　垂直布置　　　　水平布置
(a) 动合触点　　　　　　　　　　(b) 动断触点

图9-2　开关、触点符号的方位

⑤图形符号的引线。图形符号所带的引线不是图形符号的组成部分,在大多数情况下,引线可取不同的方向。

⑥补充说明。大多数符号都可以加上补充说明标记。

⑦具体符号的组成。有些具体电气元件的符号由设计者根据国家标准的符号要素、一般符号和限定符号组合而成。

⑧使用国家标准未规定的符号。国家标准未规定的图形符号,可根据实际需要,按突出特征、结构简单、便于识别的原则进行设计,但需要报国家标准局备案。当采用其他来源的符号或代号时,必须在图解和文件上说明其含义。

二、文字符号

文字符号是表示电气设备、装置、电气元件的名称、状态和特征的字符代码。文字符号的用途如下所示:

①为项目代号提供电气设备、装置和电气元件种类字符代码和功能代码。

②作为限定符号与一般图形符号组合使用,以派生新的图形符号。

③在技术文件或电气设备中表示电气设备及电路的功能、状态和特征。

1. 文字符号的形式

文字符号分为基本文字符号和辅助文字符号两大类。文字符号可以用单一的字母代码或数字代码来表达,也可以用字母与数字组合的方式来表达。

(1)基本文字符号

基本文字符号主要表示电气设备、装置和电气元件的种类名称,分为单字母符号和双字母符号。

单字母符号用拉丁字母将各种电气设备、装置、电气元件划分为23个大类,每大类用一个大写字母表示。如"R"表示电阻器类,"S"表示开关选择器类。对于标准中未列入大类分类的各种电气元件、设备,可以用字母"E"来表示。

双字母符号由一个表示大类的单字母符号与另一个字母组成,组合形式以单字母符号在前,另一字母在后的次序标出。例如,"G"表示电源类,"GB"表示蓄电池,"B"为蓄电池的英文名称(battery)的首字母。

标准给出的双字母符号若仍不够使用时,可以自行增补。自行增补的双字母符号,可以按照专业需要编制成相应的标准,在较大范围内使用;也可以用设计说明书的形式在约定俗成的小范围内使用,如应用于某个单位、部门或某项设计中。

(2)辅助文字符号

电气设备、装置和电气元件的种类、名称用基本文字符号表示,而它们的功能、状态和特征用辅助文字符号表示,通常用表示功能、状态和特征的英文单词的前一或前两位字母构成,也可采用缩略语或约定俗成的习惯用法构成,一般不能超过3位字母。例如,表示"启动",采用"start"的前两位字母"ST"作为辅助文字符号;而表示"停止(stop)"的辅助文字符号必须再加一个字母,为"STP"。

辅助文字符号也可放在表示种类的单字母符号后边组合成双字母符号,此时辅助文字符号一般采用表示功能、状态和特征的英文单词的第一个字母。如"GS"表示同步发电机,"YB"表示制动电磁铁等。

某些辅助文字符号本身具有独立的、确切的意义,也可以单独使用。例如,"N"表示交流电源的中性线,"DC"表示直流电,"AC"表示交流电,"AUT"表示自动,"ON"表示开启,"OFF"表示关闭等。

（3）数字代码

数字代码的使用方法主要有以下两种。

①数字代码单独使用：数字代码单独使用时，表示各种电气元件、装置的种类或功能，需按序编号，还要在技术说明中对代码意义加以说明。例如，电气设备中有继电器、电阻器、电容器等，可用数字来代表电气元件的种类，如"1"代表继电器，"2"代表电阻器，"3"代表电容器。再如，开关有"开"和"关"两种功能，可以用"1"表示"开"，用"2"表示"关"。

电路图中电气图形符号的连线处经常有数字，这些数字称为线号。线号是区别电路接线的重要标志。

②数字代码与字母符号组合使用：将数字代码与字母符号组合起来使用，可说明同一类电气设备、装置电气元件的不同编号。数字代码可放在电气设备、装置或电气元件的前面或后面，若放在前面应与文字符号大小相同，放在后面应作为下标。例如，3 个相同的继电器可以表示为"1KA"、"2KA"、"3KA"或"KA$_1$"、"KA$_2$"、"KA$_3$"。

2. 文字符号的使用

①一般情况下，绘制电气图及编制电气技术文件时，应优先选用基本文字符号、辅助文字符号以及它们的组合。而在基本文字符号中，应优先选用单字母符号。只有当单字母符号不能满足要求时方可采用双字母符号。基本文字符号不能超过 2 位字母，辅助文字符号不能超过 3 位字母。

②辅助文字符号可单独使用，也可将首字母放在表示项目种类的单字母符号后面组成双字母符号。

③当基本文字符号和辅助文字符号不够用时，可按有关电气名词术语国家标准或专业标准中规定的英文术语缩写进行补充。

④由于字母"I"、"O"易与数字"1"、"0"混淆，因此不允许用这两个字母作为文字符号。

⑤文字符号不适于电气产品型号编制与命名。

⑥文字符号一般标注在电气设备、装置和电气元件的图形符号上或其近旁。

三、项目代号

在电气图上，通常用一个图形符号表示的基本件、部件、组件、功能单元、设备、系统等，称为项目。项目有大有小，可能相差很多，大至电力系统、成套配电装置，以及发电机、变压器等，小至电阻器、端子、连接片等，都可以称为项目。

项目代号是用以识别图、表图、表格中和设备上的项目种类，并提供项目的层次关系、种类、实际位置等信息的一种特定的代码，是电气技术领域中极为重要的代号。由于项目代号是以一个系统、成套装置或设备的依次分解为基础来编定的，建立了图形符号与实物间一一对应的关系，因此可以用来识别、查找各种图形符号所表示的电气元件、装置和设备以及它们的隶属关系、安装位置。

1. 项目代号的组成

项目代号由高层代号、位置代号、种类代号、端子代号根据不同场合的需要组合而成，它们分别用不同的前缀符号来识别。前缀符号后面跟字符代码，字符代码可由字母、数字或字母加数字构成，其意义没有统一的规定（种类代号的字符代码除外），通常可以在设计文件中找到说明，大写字母和小写字母具有相同的意义（端子标记例外），但优先采用大写字母。一个完整的项目代号包括 4 个代号段，其名称及前缀符号如表 9-1 所示。

表 9-1　项目代号段及前缀符号

代号段	名称	前缀符号	代号段	名称	前缀符号
第一段	高层代号	=	第三段	种类代号	—
第二段	位置代号	+	第四段	端子代号	:

（1）高层代号

系统或设备中任何较高层次（对给予代号的项目而言）的项目代号，称为高层代号，如电力系统、电力变压器、电动机、启动器等。

由于各类子系统或成套配电装置、设备的划分方法不同，某些部分对其所属下一级项目就是高层。例如，电力系统对其所属的变电所，电力系统的代号就是高层代号，但对该变电所中的某一开关（如高压断路器）的项目代号，则该变电所代号就为高层代号。因此高层代号具有项目总代号的含义，但其命名是相对的。

（2）位置代号

项目在组件、设备、系统或者建筑物中实际位置的代号，称为位置代号。

位置代号通常由自行规定的拉丁字母及数字组成，在使用位置代号时，应画出表示该项目位置的示意图。

（3）种类代号

种类代号是用于识别所指项目属于什么种类的一种代号，是项目代号中的核心部分。

种类代号通常有 3 种不同的表达形式。

①字母加数字：这种表达形式较为常见，如"－K5"表示第 5 号继电器。种类代号中字母采用文字符号中的基本文字符号，一般是单字母，不能超过双字母。

②给每个项目规定一个统一的数字序号：这种表达形式不分项目的类别，所有项目按顺序统一编号，例如可以按电路中的信息流向编号。这种方法简单，但不易识别项目的种类，因此须将数字序号和它代表的项目种类列成表，置于图中或图后，以利于识读。其具体形式为：位置代号前缀符号、数字序号。如示例"－3"代表 3 号项目，在技术说明中必须说明"3"代表的种类。

③按不同种类的项目分组编号：数码代号的意义可自行确定，例如："－1"表示电动机，"－2"表示继电器等。当某个单元中使用的项目大类较多时，数字"0"也可以表示一个大类。数字代码后紧接数字序号。当某个单元内同类项目数量超过 9 个时，数字序号可以为两位数，但是全图的注法应该一致，以免造成误解。例如电动机为－11、－12、－13 等，继电器为－21、－22、－23等。

在种类代号段中，除项目种类字母外，还可附加功能字母代码，以进一步说明该项目的特征和作用。功能字母代码没有明确规定，由使用者自定，并在图中说明其含义。功能字母代码以后缀形式出现。其具体形式为：前缀符号、种类的字母代码、同一项目种类的功能字母代码、同一项目种类的序号、项目的功能字母代码。

（4）端子代号

端子代号指项目（如成套柜、屏）内、外电路进行电气连接的接线端子的代号。电气图中端子代号的字母必须大写。

电器接线端子与特定导线（包括绝缘导线）相连接时，规定有专门的标记方法。例如，三相交流电器的接线端子若与相位有关系时，字母代号必须是"U"、"V"、"W"，并且与交流三相导线"L_1"、"L_2"、"L_3"一一对应。电器接线端子的标记见表 9-2，特定导线的标记见表 9-3。

表9-2　接线端子的标记

电器接线端子的名称		标记符号	电器接线端子的名称	标记符号
交流系统：	1相	U	接地	E
	2相	V	无噪声接地	TE
	3相	W	机壳或机架	MM
	中性线	N	等电位	CC
保护接地		PE		

表9-3　特定导线的标记

导线名称		标记符号	导线名称	标记符号
交流系统：	1相	L_1	保护接线	PE
	2相	L_2	不接地的保护导线	PU
	3相	L_3	保护接地线和中性线共用一线	PEN
	中性线	N	接地线	E
直流系统的电源：	正	L_1	无噪声接地线	TE
	负	L_2	机架或机壳	MM
	中间线	M	等电位	CC

2. 项目代号的应用

一个项目代号可以由一个代号段组成,也可以由几个代号段组成。通常种类代号可以单独表示一个项目,其余大多应与种类代号组合起来,才能较完整地表示一个项目。

为了使操作人员能够根据电气图很方便地对电路进行安装、检修、分析与查找故障,在电气图上要标注项目代号。但根据使用场合及详略要求的不同,在一张图上的某一项目不一定都有4个代号段。如有的不需要知道设备的实际安装位置时,可以省略掉位置代号;当图中所有高层项目相同时,可省掉高层代号,只需另外加以说明。

在集中表示法和半集中表示法的图中,项目代号只在图形符号旁标注一次,并用机械连接线连接起来。在分开表示法的图中,项目代号应在项目每一部分旁都要标注出来。

在不致引起误解的前提下,代号段的前缀符号可以省略

四、回路标号

电路图中用来表示各回路种类、特征的文字和数字标号统称回路标号。其用途为便于接线和查线。

回路标号的一般原则:

①回路标号按照"等电位"原则进行标注。等电位的原则是指电路中连接在一点上的所有导线具有同一电位而标注相同的回路称号。

②由电气设备的线圈、绕组、电阻、电容、各类开关、触点等电气元件分隔开的线段,应视为不

同的线段,标注不同的回路标号。

③在一般情况下,回路标号由 3 位或 3 位以下的数字组成。以个位代表相别,如三相交流电路的相别分别用 1、2、3;以个位奇偶数区别回路的极性,如直流回路的正极侧用奇数,负极侧用偶数。以标号中的十位数字的顺序区分电路中的不同线段。以标号中的百位数字来区分不同供电电源的电路。如直流电路中 A 电源的正、负极电路标号用"101"和"102"表示,B 电源的正、负极电路标号用"201"和"202"表示。电路中若共用同一个电源,则百位数字可以省略。当要表明电路中的相别或某些主要特征时,可在数字标号的前面或后面增注文字符号,文字符号用大写字母,并与数字标号并列。机床电气控制电路图中,回路标号实际上是导线的线号。

第二节　绘制电气图的一般规则

一、电气制图的一般规则

国家相关标准规定了电气制图的一般规则,它也是绘制和识读电气图的基本规范。

1. 图纸格式和幅面

电气图的完整图由边框线、图框线、标题栏、具体电气图等组成。由边框线所围成的图纸称为图纸的幅面。图纸的幅面及其图线的形式应按标准规定绘制。

图纸幅面按标准规定可分为两类:一类是优先采用的基本幅面;另一类是按需要加长后的幅面。

电气图基本幅面有五种,其幅面代号及其尺寸如表 9-4 所示。由表可知,A0 幅面的长边恰好为 A1 幅面短边的两倍;A0 幅面的短边与 A1 幅面长边相等,因此将 A0 幅面沿长边对折,可以得两张 A1 的幅面。其他幅面之间也近似有这种关系。

若基本幅面不能满足要求,按规定可以加长幅面。A0 ~ A2 号图纸一般不得加长,A3、A4 号图纸可根据需要,沿短边加长。例如 A4 号图纸的短边长为 210 mm,若加长到 A4 × 4 号图纸,则为 210 mm × 4 mm 约为 841 mm,因此 A4 × 4 的幅面尺寸为 297 mm × 841 mm。

表 9-4　电气图纸幅面尺寸

图　　号	A0	A1	A2	A3	A4
宽 × 长/mm	841 × 1 189	594 × 841	420 × 594	297 × 420	210 × 297
留装订边边宽/mm	10	10	10	5	5
不留装订边边宽/mm	20	20	10	10	10
装订侧边宽/mm	25				

2. 图幅分区

图幅分区即将整个图样的幅面分区,将图纸相互垂直的两边各自加以等分,每一分区长度为 25 ~ 75 mm。然后从图样的左上角开始,在图样周边的竖边方向按行用大写字母分区编号,横边方向按列用数字分区编号,图中某个位置的代号用该区域的字母和数字组合起来表示。图幅分区后,相当于在图样上建立了一个坐标。电气图上项目和连接线的位置根据此"坐标"来确定。

项目和连接线在图上的位置表示方式有三种:用行的代号(字母)表示,例如 A,B;用列的代号(数字)表示,例如 3,4;用区的代号表示,区的代号为字母和数字的组合,字母在左,数字在右,例如 B3、C4。

在采用图幅分区法的电路中,对于水平布置的电路,一般只需标明行的标记;对于垂直布置的电路,一般只需标明列的标记;复杂的电路图则需要标明组合标记,如图9-3(a)所示,阴影部分的位置表示成B3。

在某些电路图中,例如机床电气控制电路图,由于控制电路的支路多,且各支路元件布置与功能也不相同,图幅分区可采用图9-3(b)的形式。只对图的一个方向分区,分区数不限,各个分区长度也可不等。这种方式不影响分区检索,又可反映用途,有利于看图。

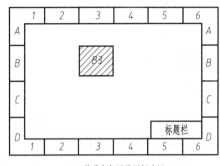
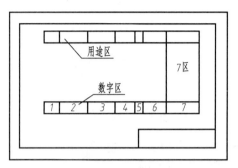

(a) 普通电气图的图幅分区　　　　　(b) 机床电气控制电路的图幅分区

图9-3　图幅分区法

二、电气图的布局

为了清楚地表明电气系统或设备各组成部分间、各电气元件间的连接关系,以便于使用者了解其原理、功能和动作顺序,对电气图的布局提出了一些要求。

电气图布局的原则是便于绘制、易于识读、突出重点、均匀对称、间隔适当以及清晰美观。布局的要点是从总体到局部、从主接线图(主电路图或一次接线图)到二次接线图(辅助电路图或二次接线图)、从主要到次要、从左到右、从上到下以及从图形到文字。

1. 图面布局的要求

①排列均匀、间隔适当、清晰美观,为计划补充的内容预留必要的空白,但又要避免图面出现过多的空白。

②有利于识别能量、信息、逻辑、功能这4种物理流的流向,保证信息流及功能流通常从左到右、从上到下的流向(反馈流相反),而非电过程流向与信息流向一般相互垂直。

③电气元件按工作顺序或功能关系排列。引入、引出线多在边框附近,导线、信号通路、连接线应少交叉、折弯,且在交叉时不得折弯。

④紧凑、均衡,留足插写文字、标注和注释的位置。

2. 图线的布置

电气图的布局要求重点突出信息流及各功能单元间的功能关系,因此图线的布置应有利于识别各种过程及信息流向,并且图的各部分的间隔要均匀。

表示导线、信号通路、连接线等的图线一般应为直线,即横平竖直,尽可能减少交叉和弯曲。

(1)水平布置

将表示设备和元件的图形符号按横向(行)布置,连接线成水平方向,各类似项目纵向对齐,如图9-4(a)所示。水平布置图的电气元件和连接线在图上的位置可用图幅分区的行号表示。

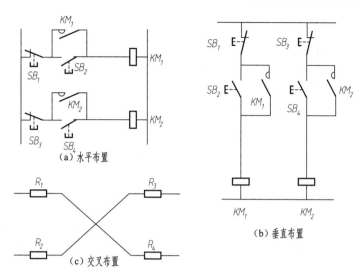

图 9-4　图线的布置

（2）垂直布置

将设备或电气元件图形符号按纵向（列）排列，连接线成垂直布置，类似项目应横向对齐，如图 9-4（b）所示。垂直布置图的电气元件、图线在图上的位置可用图幅分区的列号表示。

（3）交叉布置

为了把相应的元件连接成对称的布局，也可以采用斜向交叉线表示，如图 9-4（c）所示。

电气元件的排列一般应按因果关系动作顺序从左到右或从上到下布置。看图时，也应按这一规律分析阅读。在概略图中，为了便于表达功能概况，常需要绘制非电过程的部分流程，但其控制信号流的方向应与电控信号流的流向相互垂直，以示区别。

3. 电气元件的表示方法

（1）电气元件的集中、半集中和分开布置表示法

同一个电气设备、电气元件在不同类型的电气图中往往采用不同的图形符号表示。例如，对概略图、位置图往往采用方框符号、简化外形符号或简单的一般符号表示；对电路图和部分接线图往往采用一般图形符号表示，绘出其电气连接关系，在符号旁标注项目代号，必要时还应标注有关的技术数据。对于驱动部分和被驱动部分间具有机械连接关系的电气元件（如继电器、接触器的线圈和触点），以及同一个设备的多个电气元件（如转换开关的各对触点），可在图上采用集中布置、半集中布置、分开布置表示法。

集中布置表示法是把电气元件设备或成套装置中的一个项目各组成部分的图形符号在电气图上集中绘制在一起的方法，各组成部分用机械连接线（虚线）连接，连接线必须是一条直线。此法直观，整体性好，适用于简单图形。

为了使设备和装置的电路布局清晰，易于识别，把一个项目的某些部分的图形符号，按作用、功能分开布置，并用机械连接符号表示它们之间关系的方法，称为半集中布置表示法。

为了使设备和装置的电路布局清晰，易于识别，把一个项目图形符号的各部分，在电气图上分开布置，并仅用项目代号表示它们之间关系的方法，称为分开布置表示法。此法清晰、易读，适用于复杂图形。

图 9-5 是 3 种布置表示法的示例，其中接触器 KM 的线圈和触点分别采用集中布置［图 9-5（a）］、半集中布置［图 9-5（b）］和分开布置［图 9-5（c）］采用分开表示法的图与采用集中或半集中表示

法的图给出的信息应等量,这是一条基本原则。

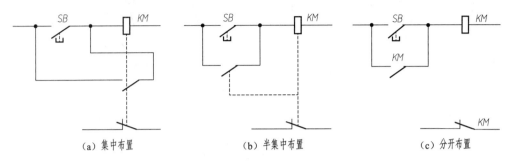

（a）集中布置　　　　　　　　（b）半集中布置　　　　　　　　（c）分开布置

图9-5　设备和元件的布置表示法

由于采用分开表示法的电气图省去了项目各组成部分的机械连接线,查找某个元件的相关部分比较困难。为识别机件各组成部分或各组成部分寻找在图中的位置,除重复标注项目代号外,还采用引入插图或表格等方法表示电气元件各部分的位置。

（2）电气元件工作状态的表示方法

电气元件工作状态均按自然状态或自然位置表示。所谓"自然状态"或"自然位置"即电气元件和设备的可动部分表示为未得电、未受外力或不工作状态或位置。

①中间继电器、时间继电器、接触器和电磁铁的线圈处在未得电时的状态,即动铁芯没有被吸合时的位置,因而其触点处于还未动作的位置。

②断路器、负荷开关和隔离开关在断开位置。

③零位操作的手动控制开关在零位状态或位置,不带零位的手动控制开关在图中规定的位置。

④机械操作开关、按钮和行程开关在非工作状态或不受力状态时的位置。

⑤保护用电器处在设备正常工作状态时的位置。对热继电器是在双金属片未受热而未脱扣时的位置,对速度继电器是指主轴转速为零时的位置。

⑥标有断开"OFF"位置的多个稳定位置的手动控制开关在断开"OFF"位置,未标有断开"OFF"位置的控制开关在图中规定的位置。

⑦对于有两个或多个稳定位置或状态的其他开关装置,可表示在其中的任何一个位置或状态,必要时需在图中说明。

⑧事故、备用、报警等开关在设备、电路正常使用或正常工作位置。

4. 连接线的一般表示方法

电气图上各种图形符号之间的相互连线,统称为连接线。连接线可能是传输能量流、信息流的导线,也可能是表示逻辑流、功能流的某种特定的图线。

（1）导线的一般表示方法

①导线的一般表示符号:如图9-6所示,它可用于表示单根导线、导线组、母线、总线等,并根据情况通过图线粗细、加图形符号及文字、数字来区分各种不同的导线。

②导线的单线表示和根数表示方法:走向一致的元件间的一组连接线可用一条线表示,走向变化时再分开,有时还要标出根数。当用单根导线表示一组导线,若根数较少时,用斜线（45°）数量代表导线根数;根数较多时,用一根小短斜线旁加注数字表示,如图9-6所示,图中 n 为正整数。

图9-6　导线一般表示方法及导线根数

③导线特征的标注方法：如图9-7所示，导线特征通常采用字母、数字符号标注。

④导线的换位：在某些情况下需要表示电路相序的变更、极性的反向、导线的交换等，则可采用图9-7所示的方法表示，该例表明 L_1 相、L_3 相换位。

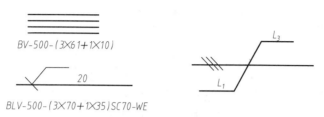

图9-7　导线特征及导线换位

（2）图线的粗细

主电路图、主接线图、电流电路等采用粗实线，辅助电路图、二次接线图、电压电路等则采用一般实线或细实线，而母线通常比粗实线还宽2～3倍。

（3）导线连接点的表示方法

"T"形连接点可加实心圆点"·"，也可不加实心圆点，如图9-8（a）所示。对"+"形连接点，则必须在交点处加实心圆点，如图9-8（b）所示。

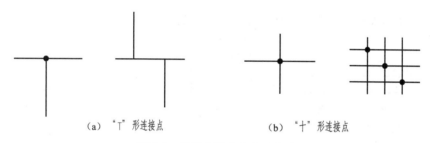

（a）"T"形连接点　　　　　（b）"十"形连接点

图9-8　导线连接点的表示方法

（4）连接线的连续表示法和中断表示法

表示连接线的去向和连接关系的有连续表示法和中断表示法。

①连接线的连续表示法。连续表示法是将连接线头尾用导线首尾连通的方法。连续线既可用多线也可用单线表示。当图线太多时，为使图面清晰，易画易读，对于多条去向相同的连接线常用单线法表示。

多线表示：元件间的连接线按导线实际走向，每根线都一一画出。

单线表示：当多条线的连接顺序不必明确表示，走向一致的元件间连接线合用一条线表示时，可采用图9-9（a）所示的单线表示法，但单线的两端仍用多线表示；导线组的两端位置不同时，应标注相对应的文字符号，如图9-9（b）所示。

组合表示：当导线中途汇入、汇出用单线表示的一组平行连接线时，汇接处用斜线表示导线去向，其方向应易于识别连接线进入或离开汇总线的方向，如图9-9（c）所示；当需要表示导线的根数时，可按图9-9（d）所示来表示。

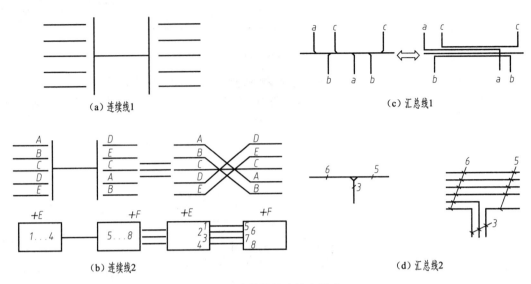

图 9-9 连接线的连续表示法

②连接线的中断表示法。

中断表示法是将去向相同的导线组,在连接线的中间中断,在中断处的两端标以相应的文字符号或数字编号,如图 9-10(a)所示。

两设备或电气元件之间连接线的中断,如图 9-10(b)所示,用文字符号及数字编号表示中断。

连接线穿越图线较多区域时,将连接线中断,在中断处加相应的标记,如图 9-10(c)所示。

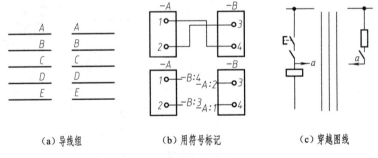

图 9-10 连接线的中断表示法

(5)电气设备特定接线端子和特定导线端的识别

与特定导线直接或通过中间继电器相连的电气设备接线端子应按表 9-2 和表 9-3 的字母进行标记。

(6)连接线的多线、单线和混合表示法

按照电路图中图线的表达根数不同,连接线可分为多线、单线和混合表示法。每根连接线各用一条图线表示的方法,称为多线表示法,其中大多数是三线;两根或两根以上(大多数是表示三相系统的三根线)连接线用一条图线表示的方法,称为单线表示法;在同一图中,一部分采用单线表示法,一部分采用多线表示法,称为混合表示法。

图 9-11 所示为三相笼形异步电动机 Y - △降压启动电路的多线、单线、混合表示法的电气控制电路图。图 9-11(a)所示为多线表示法,描述电路工作原理比较清楚,但图线太多;图 9-11(b)为

单线表示法,图面简单,但对某些部分(如△连接)描述不够详细;图9-11(c)为混合表示法,兼有二者的优点,在许多情况下被采用。

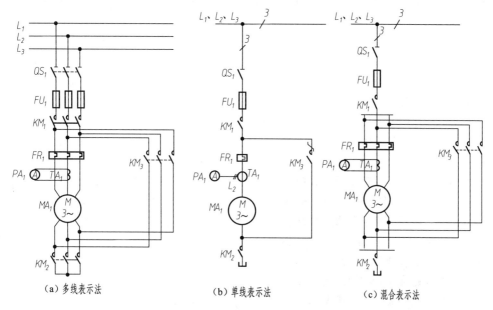

（a）多线表示法　　　　　　（b）单线表示法　　　　　　（c）混合表示法

图9-11　电路中连接线表示方法示例

QS_1—刀开关;FU_1—熔断器;KM_1、KM_2、KM_3—接触器;FR_1—热继电器;

TA_1—电流互感器;PA_1—电流表;MA_1—电动机

第三节　电气图的分类和识读基本方法

一、电气图的分类

电气图表达形式和用途的种类繁多,各种形式的电气图都从某一方面或某些方面反映电气产品、电气系统的工作原理,连接方法和系统结构。一般来说,电气图分为功能性图、位置类图、接线类图(表)、项目表、说明文件共五大类。

1. 功能性图

功能性图指电气图样是具有某种特定功能的图样,这类图共有概略图、功能图、逻辑功能图、端子功能图、程序图、功能表图、顺序表图和时序图等8种。

概略图是表示系统分系统装置、部件、设备、软件中各项目之间主要关系和连接的相对简单的简图。主要采用符号或带注释的方框概略表示系统的基本组成、相互关系及其主要特征。概略图又称为系统图或框图,为进一步编制详细的技术文件提供依据,使操作者或维修人员对整个系统有比较全面的认识,从而能对某一操作对系统的影响有一正确的判断或对某一故障现象原因有总体的估计。

功能图是表示理论或理想的电路而不涉及实现方法的一种简图,为绘制电路图或其他有关简图提供依据。

逻辑功能图是使用二进制逻辑单元绘制的一种功能图,主要采用"与"、"或"、"异或"等图形符号,一般的数字电路图就属于这种图。

端子功能图是表示功能单元各端子接口，并用功能图、表图或文字等表示其内部功能的简图。

程序图是表示程序单元、模块及其互连关系的一种简图，能清楚表示其相互关系，以便理解程序运行过程。

功能表图是采用步和步的转换来描述控制系统的功能、特性和状态的表图。

顺序表图是表示各个单元工作次序或状态的图，各单元的工作次序或状态按一个方向排列，并在图上直接绘出过程步骤或时间。实际上顺序表图与功能表图相似，但在功能表图中，步表示的内容主要是系统的功能特性，其转换条件是某个状态的满足，而在顺序表图中，步表示的内容主要是有一定顺序的状态，其转换条件是步骤或时间。

时序图是按比例绘出时间轴的顺序表图。

2. 位置类图

位置类图指主要用来表示电气设备、元件、部件及连接电缆等的安装敷设的位置、方向和细节等的电气图样，这类图共有总平面图、安装图、安装简图、装配图和布置图5种。

总平面图是表示建筑工程服务网络、道路工程、相对于测定点的位置、地表资料、进入方式和工区总体布局的平面图。

安装图是表示各项目安装位置的图。

安装简图则是表示各项目之间连接的安装图。

装配图是按比例表示一组装配部件的空间位置和形状的图。

布置图是经简化或补充以给出某种特定目的所需信息的装配图。

3. 接线类图

接线类图是指主要用来说明电气设备之间或元、部件之间的接线的。这类电气图也有接线图(表)、单元接线图(表)、互连接线图(表)、端子线图(表)和电缆图5种。

接线图(表)是表示装置或设备的连接关系，提供各个项目之间的连接信息，用以指导设备装配、安装接线和维护检查的一种简图(表)。

单元接线图(表)是表示装置或设备中的一个结构单元内连接关系的接线图(表)。

互连接线图(表)是表示装置或设备中不同结构单元内连接关系的一种接线图(表)。

端子接线图(表)是表示装置或设备中一个结构单元的各端子上的外部连接的接线图(表)。

电缆图提供有关电缆如导线识别标记两端位置以及特性、路径和功能等信息的简图(表)。

4. 项目表

项目表主要用来表示该项目的数量、规格等的表格，属于电气图的附加说明文件范畴。这类表图主要有元件设备表、备用元件表两种。

元件设备表表示构成一个组件的项目(元件、软件、设备等)和参考文件的表格。

备用元件表是表示用于防护和维修的项目(零件、元件、软件、散装材料等)的表格。

5. 说明文件

说明文件主要指通过图表难以表示而又必须说明的信息和技术规范的相关文件，主要有安装说明文件、试运转说明文件、维修说明文件、可靠性或可维修性说明文件和其他说明文件5种。

以上是电气图的基本分类，但并非每一种电气装置、电气设备都必须具备上述图表。不同的电气图适合于表示不同工程内容或不同要求的场所，不同电气图之间的主要区别是其表示方法或形式上的不同。一台设备装置需要多少张电气图，主要看实际需要，同时还取决于电气复杂程度等。简单的电气设备，可能一张原理图即可满足要求；复杂的设备或系统可能需要上面所述的所有电气图才能满足需要。

二、识图的基本方法

1. 从简单到复杂,循序渐进地识图

识图遵循从易到难、从简单到复杂的原则。一般来讲,照明电路比电气控制电路简单,单项控制电路比系列控制电路简单。复杂的电路都是简单电路的组合,从简单的电路图开始,认知电气符号的含义,明确每一电气元件的作用,理解电路的工作原理,为分析复杂电气图打下基础。

2. 应具有电工学、电子技术的基础知识

电工学主要讲的是电路和电器。电路又可分为主电路、主接线电路以及辅助电路、二次接线电路。主电路是电源向负载输送电能的电路。主电路一般包括发电机、变压器、开关、熔断器、接触器主触点、电容器、电力电子器件和负载(如电动机、电灯)等。辅助电路是对主电路进行控制、保护、监测以及指示的电路。辅助电路一般包括继电器、仪表、指示灯、控制开关、接触器辅助触点等。通常主电路通过的电流较大,导线线径较粗;而辅助电路中通过的电流较小,导线线径也较小。

电器是电路不可缺少的组成部分。在供电电路中常用的有隔离开关、断路器、负荷开关、熔断器、互感器等;在机床等机械设备的电气控制电路中,常用到各种继电器、接触器和控制开关等。识图基础应了解这些电气元件的性能、结构、原理、相互控制关系以及在整个电路中的地位和作用,从而结合电工学、电子技术基础知识识读电气图。

在实际的各个生产领域中,所有电路如输变配电、电力拖动、照明、电子电路、仪器仪表和家用电器等,都是建立在电工学、电子技术理论基础之上的。因此,要想准确、迅速地识读电气图,必须具备一定的电工学、电子技术基础知识,才能运用这些知识分析电路,理解电气图所含的内容。

3. 熟记并使用电气图形符号和文字符号

电气简图使用的图形符号和文字符号以及项目代号、接线端子标记等是电气技术文件的"词汇",图形符号和文字符号很多,要做到熟记会用,可从个人专业出发先熟读背会各专业共用的和本专业的图形符号,然后再进一步扩大,掌握更多的符号,就能读懂更多的专业电气图。

4. 熟悉各类电气图的典型电路

典型电路,即常见、常用的基本电路。如供配电系统电气主接线图中最常见、常用的是单母线接线,由此典型电路可导出单母线不分段、单母线分段接线,而由单母线分段再区别是隔离开关分段还是断路器分段。又如电力拖动中的启动、制动、正/反转控制电路,联锁电路,行程限位控制电路。再如电子电路中的整流电路和放大、振荡、调谐等电路,都是典型电路。

不管多么复杂的电路,都是根据典型电路派生而来,或者由若干典型电路组合而成的。因此掌握、熟悉各种典型电路,在看图时有利于对复杂电路的理解,能较快地分清主次环节及其与其他部分的相互联系,抓住主要矛盾,从而看懂较复杂的电气图。

5. 掌握各类电气图的绘制特点

各类电气图都有各自的绘制方法和绘制特点。掌握了电气图的主要特点及绘制电气图的一般规则,如电气图的布局、图形符号及文字符号的含义、图线的粗细、主电路及辅助电路的位置,电气触点的画法,电气图与其他专业技术图的关系等,并利用这些规律,就能提高看图效率。大型的电气图纸往往不止一张,也不只是一种图,因而读图时应将各种有关的图纸联系起来,对照阅读。如通过概略图、电路图找联系,通过接线图、布置图找位置。

6. 把电气图与土建图、管路图等对应起来看图

电气施工往往与主体工程(土建工程)及其他工程,如工艺管道、蒸汽管道、给排水管道、采

暖通风管道、通信线路、机械设备等安装工程配合进行。电气设备的布置与土建平面布置、立面布置有关;线路走向与建筑结构的梁、柱、门窗、楼板的位置和走向有关,还与管道的规格、用途、走向有关;安装方法又与墙体结构、楼板材料有关;特别是一些暗敷线路、电气设备基础及各种电气预埋件更与土建工程密切相关。因此阅读电气图还要与相关的土建图、管路图以及安装图对应起来。

7. 了解涉及电气图的有关标准和规程

识图的主要目的是用来指导施工、安装、运行、维修和管理。相关技术要求在有关的国家标准或技术规程、技术规范中已作了明确的规定,因而在识读电气图时,还必须了解相关标准、规程、规范。

三、识图的一般步骤

1. 识读图纸说明

拿到图纸后,首先要仔细阅读图纸的主标题栏和有关说明,如图纸目录、技术说明、电气元件明细表、施工说明书等,结合已有的电工知识,对该电气图的类型、性质、作用有一个明确的认识,从整体上理解图纸的概况和所要表述的重点。

2. 识读概略图和框图

概略图和框图只是概略表示系统或分系统的基本组成、相互关系及其主要特征,结合电路图,分析它们的工作原理。概略图和框图多采用单线图,只有部分 380 V/220 V 低压配电系统概略图才部分地采用多线图表示。

3. 识读电气原理图

电气原理图是电气图的核心,是识读电气图纸的重点。

识读电气原理图首先要观察有哪些图形符号和文字符号,了解电路图各组成部分的作用,区分主电路和辅助电路、交流回路和直流回路。其次根据先主电路、再辅助电路的顺序进行识图。

识读主电路时,按照从下往上的顺序,即先从用电设备开始,经由控制电气元件,顺次找到电源端;识读辅助电路时,则自上而下、从左至右看,即先找主电源,再顺次看各条支路,分析各条支路电气元件的工作情况及其对主电路的控制关系,注意电气与机械机构的连接关系。

通过识读主电路,搞清负载是怎样取得电源的,电源线都经过哪些电气元件到达负载以及为什么要通过这些电气元件。通过识读辅助电路,则应搞清辅助电路的构成,各电气元件之间的相互联系和控制关系及其动作情况等。同时还要了解辅助电路和主电路之间的相互关系,进而掌握整个电路的工作原理。

4. 电气原理图与接线图对照识读

接线图和电路图互相对照起来识读可以快速理解接线图。识读接线图时,要根据端子标志、回路标号从电源端顺次查下去,搞清楚线路走向和电路的连接方法,并明白每条支路是如何通过各个电气元件构成闭合回路的。

配电盘(屏)内、外电路相互连接必须通过接线端子板。一般来说,配电盘(屏)内有几号线,端子板上就有几号线的接点,外部电路的几号线只需在端子板的同号接点上接出即可。因此,看接线图时,要把配电盘(屏)内、外的电路走向搞清楚,就必须清楚端子板的接线情况。

第十章　识读电气原理图及电气安装接线图的方法和步骤

第一节　识读电气原理图的方法和步骤

一、电气原理图

电气原理图是将电气控制装置、各种电器元件用图形符号表示按其工作顺序排列，详细表示控制装置、电路的基本构成和连接关系的图形。如图 10-1 所示为控制三相异步电动机正、反转运行的电气原理图，一些电气元件的不同组成部分，按照电路连接顺序分开布置。

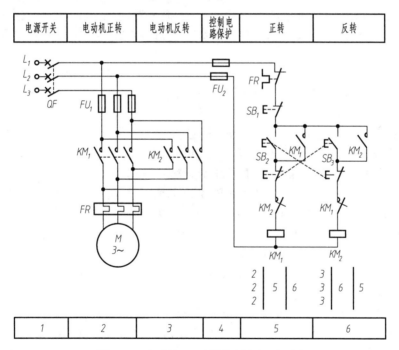

图 10-1　电动机正、反转控制电气原理图

QF—断路器；KM_1—正转用接触器；KM_2—反转用接触器；FU_1—主电路熔断器；FU_2—控制电路熔断器；

FR—热继电器；M—三相异步电动机；SB_1—停止按钮；SB_2—正转按钮；SB_3—反转按钮

绘制电气原理图，是为了便于阅读和分析电路。它是采用简明、清晰、易懂的原则，根据电气控制电路的工作原理来绘制的。图中包括所有电气元件的导电部分和接线端子，但并不按照电气元件的实际布置来绘制。

电气原理图一般分为主电路和辅助电路两个部分，主电路是电气控制电路中强电流通过的部分,是由电动机以及与它相连接的电气元件(如组合开关、接触器的主触点、热继电器的热元件、熔断器等)所组成的电路图。辅助电路包括控制电路、照明电路、信号电路及保护电路。辅助电路中通过的电流较小,是由按钮、接触器、继电器的吸引线圈和辅助触点以及热继电器的触点等组成。

在电气原理图中,主电路图与辅助电路图是相辅相成的,其控制作用实际上是由辅助电路控制主电路。对于不太复杂的电气控制电路,主电路和辅助电路可绘制在同一图上。

电气原理图绘制原则和特点:

①在电气原理图中,主电路和辅助电路应分开绘制。电气原理图可水平或垂直布置。水平布置时,电源线垂直画,其他电路水平画,控制电路中的耗能元件(如线圈、电磁铁、信号灯等)画在电路的最右端。垂直布置时,电源线水平画,其他电路垂直画,控制电路中的耗能元件画在电路的最下端。

当电路垂直(或水平)布置时,电源电路一般画成水平(或垂直)线,三相交流电源相序 L_1、L_2、L_3 由上到下(或由左到右)依次排列画出,中性线 N 和保护地线 PE 画在相线之下(或之右)。直流电源则按正端在上(或在左)、负端在下(或在右)画出。电源开关要水平(或垂直)画出。

主电路,即每个受电的动力装置(如电动机)及保护电器(如熔断器、热继电器的热元件等)应垂直电源线画出。主电路可用单线表示,也可用多线表示。控制电路和信号电路应垂直(或水平)画在两条或几条水平(或垂直)电源线之间。电器的线圈、信号灯等耗电元件直接与下方(或右方)PE 水平(或垂直)线连接,而控制触点连接在上方(或左方)水平(或垂直)电源线与耗电元件之间。

无论主电路还是辅助电路,均应按功能布置,各电气元件一般应按生产设备动作的先后顺序从上到下或从左到右依次排列,可水平布置或垂直布置。看图时,要掌握控制电路编排上的特点,也要一列列或一行行地进行分析。

②电气原理图涉及大量的电气元件(如接触器、继电器开关、熔断器等),为了表达控制系统的设计意图,便于分析系统工作原理,安装、调试和检修控制系统,在绘制电气原理图时所有电气元件不画出实际外形图,而采用统一的图形符号和文字符号来表示。

③在电气原理图中,同一电气元件的不同部分(如线圈、触点)分散在图中,如接触器主触点画在主电路,接触器线圈和辅助触点画在控制电路中,为了表示是同一电气元件,要在电器的不同部分使用同一文字符号来标明。对于几个同类电气元件,在表示名称的文字符号后的加上一个数字序号,以此来区别,如 KM_1、KM_2 等。

④在机床电气控制电路的不同工作阶段,各个控制电器的工作状态是不同的,在电气原理图中规定:所有电器的可动部分均以自然状态画出。

所谓自然状态是指各种电器在没有通电和没有外力作用时的状态。

具有循环运动的机械设备,应在电气原理图上绘出工作循环图。转换开关、行程开关等应绘出动作程序及触点工作状态表。

由若干元件组成的具有特定功能的环节,可用点画线框括起来,并用文字标注出该环节的主要作用,如速度调节器、电流继电器等。

对于电路和电气元件完全相同并重复出现的环节,可以只绘出其中一个环节的完整电路,其余相同环节可用点画线框表示,并标明该环节的文字符号或环节的名称。该环节与其他环节之间的连线可在点画线框外面绘出。

对于外购的成套电气装置,如稳压电源、电子放大器、晶体管、时间继电器等,应将其详细电路与参数绘在电气原理图上。

⑤在原理图上可将图分成若干图区,以便阅读查找,在电路图的下方(或右方)沿横坐标(或纵坐标)方向划分图区,并用数字1,2,3…(或字母A,B,C…)标明,同时在图的上方(或左方)沿横坐标(或纵坐标)方向划分图区,分别用文字标明该图区电路的功能和作用,方便知道某个电气元件或某部分电路的功能,以便于理解整个电路的工作原理。如图10-1中所示,1区对应为"电源开关"QF。

电气原理图中的接触器、继电器的线圈与受其控制的触点的从属关系(即触点位置)应按下述方法标示:

在每个接触器线圈的文字符号KM的下面画两条竖直线,分成左、中、右3栏,把受其控制而动作的触点所处的图区号数字按表10-1规定的内容填上,对备而未用的触点,在相应的栏中用记号"×"标出。

表 10-1　接触器线圈符号下的数字标志

左栏	中栏	右栏
主触点所处的图区号	辅助动合触点所处的图区号	辅助动断触点所处的图区号

在每个继电器线圈的文字符号(如KT)下面画一条竖直线,分成左、右两栏,把受其控制而动作的触点所处的图区号数字按表10-2规定的内容填上。同样,对备而未用的触点在相应的栏中用记号"×"标出。

表 10-2　继电器线圈符号下的数字标志

左栏	右栏
动合触点所处的图区号	动断触点所处的图区号

一般在控制电路图上还应在每一并联支路旁注明该部分的控制作用,看图时掌握这些特点去分析控制电路的作用就会比较容易。

⑥电气原理图中,有直接"电"联系的交叉导线连接点要用实心圆点或小圆圈表示。

⑦在完整的电气原理图中还应包括标明主要电气元件的型号、文字符号、有关技术参数和用途。例如电动机应标明用途、型号、额定功率、额定电压、额定电流、额定转速等。全部电气元件的型号、文字符号、用途、数量、安装技术数据,均应填写在元件明细表内。

⑧根据电气原理图的简易或复杂程度,既可完整地画在一起,也可按功能分块绘制,但整个电路的连接端应统一用字母、数字加以标示,这样可方便地查找和分析其相互关系。

⑨电气原理图标号。

a. 主回路的线号、主电路各接点标记:在机床电气控制电路的主电路中,线号由文字符号和数字标号构成。文字符号用来标明主回路中电气元件和电路的种类和特征,如三相电动机绕组用U、V、W表示。数字标号由3位数字构成,并遵循回路标号的一般原则。

三相交流电源的引入线采用L_1、L_2、L_3来标记,1、2、3分别代表三相电源的相别,中性线用N表示。经电源开关后标号变为L_{11}、L_{12}、L_{13},由于电源开关两端属于不同的线段,因此加一个十位数"1"。电源开关之后的三相交流电源主电路分别按U、V、W顺序标示,分级三相交流电源主电路采用文字代号U、V、W的前面加阿拉数字1、2、3等标记,如1U、1V、1W及2U、2V、2W等。各电动机分支电路各接点标记采用三相文字代号后面加数字来表示,数字中的个位数字表示电动机代号,十位数字表示该支路各接点的代号,U_{21}为电动机M_1支路的第二个接点代号,依次类推。电动机定子三组首端分别用U、V、W标记,尾端分别用U′、V′、W′标记。双绕组的中点则用U″、

V″、W″标记。

电动机动力电路应从电动机绕组开始自下而上标号。如图 10-2 所示，双电动机控制电路，以电动机 M_1 的回路为例，电动机定子绕组的标号为 U_1、V_1、W_1（或首端用 U_1、V_1、W_1 表示，尾端用 U_1'、V_1'、W_1' 表示），在热继电器 FR 的上触点的另一组线段，标号为 U_{11}、V_{11}、W_{11}，再经接触器 KM 的上触点，标号为 U_{21}、V_{21}、W_{21}，经过熔断器 FUI 与三相电源线相连，并分别与 L_{11}、L_{12}、L_{13} 同电位，因此不再用标号。电动机 M_2 回路的标号可依次类推。这个电路的各回路因共用一个电源，省去了标号中的百位数字。

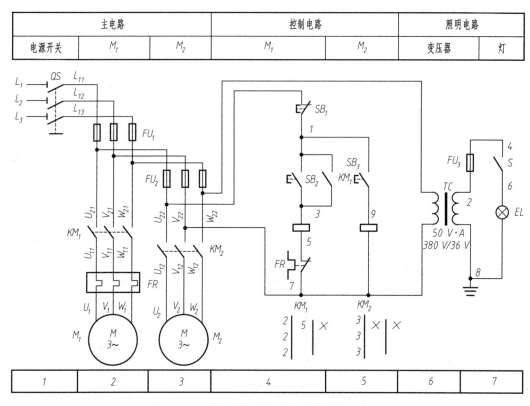

主电路			控制电路		照明电路	
电源开关	M_1	M_2	M_1	M_2	变压器	灯

| 1 | 2 | 3 | 4 | 5 | 6 | 7 |

图 10-2　电动机电气原理图中的线号标记(一)

M_1—油泵电动机；M_2—工作台快速电动机；KM_1、KM_2—交流接触器；SB_1—停止按钮；SB_2、SB_3—启动按钮；

QS—电源开关；FR—热继电器；FU_1、FU_2、FU_3—熔断器；TC—照明变压器；EL—照明灯；S—照明灯开关

如图 10-3 所示单电动机控制电路，由于电路中只有一台电动机，因此标号中不出现表示电动机分号的标记。

若主回路是直流回路，则按数字标号的个位数奇偶性区分回路的极性：正电源侧用奇数，负电源侧用偶数。

b. 辅助回路的标号：采用阿拉伯数字编号，一般由 3 位或 3 位以下的数字组成。标注法按"等电位"原则进行，在垂直绘制的电路中，标号一般由上而下编排，凡是被线圈、绕组、触点或电阻、电容等元件所间隔的线段，都应标以不同的电路标号。无论是直流还是交流的辅助电路，标号的标注都有以下两种方法。

常用的标注方法是首先编好控制回路电源引线线号，"1"通常标在控制线的最上方，然后按照控制回路从上到下、从左到右的顺序，以自然序数递增，每经过一个触点，线号依次递增，电位

相等的导线线号相同,接地线作为"0"号线,如图 10-2 中的控制电路所示。

以压降元件为界,其两侧面的不同线段分别按标号的个位数的奇偶性来依序编号。有时回路中的不同线段较多,标号可连续递增到两位奇偶数,如"11、13、15","12、14、16"等。压降元件包括接触器线圈、继电器线圈、电阻、照明灯和电铃等。

在垂直绘制的回路中,线号采用自上而下或自上至中、自下至中的方式,这里的"中"指压降元件所在位置,线号一般标在连接线的右侧。在水平绘制的回路中,线号采用自左而右或自左至中、自右至中的方式编排,这里的"中"同样是指压降元件所在位置,线号一般标注于连接线的上方。如图 10-4 所示,垂直绘制的直流控制回路,K_1、K_2 为耗能元件,因此它们上下两侧的线号分别为奇偶数。与正电源相连的是 1 号线,在 K_1 支路中,从上至 K_1 元件,经一个触点后线段的标号为 3 号,再经一个触点后的标号为 5 号;在 K_1 下侧与负电源相连的线段的标号为 2,经一个触点后线段的标号为 4。在 K_2 的支路中,也在 K_2 元件两侧按奇偶数依照 K_1 支路的顺序继续编号。无论哪种标号方式,电路图与接线图上相应的线号应一致。

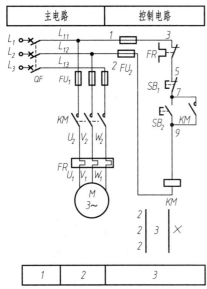
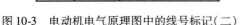
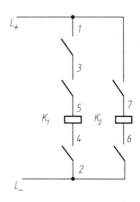

图 10-3　电动机电气原理图中的线号标记(二)　　图 10-4　线号的奇偶数标记法

二、识读主电路的步骤

1. 观察主电路中的用电设备

用电设备指消耗电能的用电器具或电气设备,如电动机、电弧炉等。首先要观察图中有几个用电设备,它们的类别、用途、接线方式及要求等。

图 10-2 中的用电设备是两台电动机 M_1,M_2,以电动机为例,应了解下列内容。

(1)类别:有交流电动机(异步电动机、同步电动机)、直流电动机等,一般生产机械所用的电动机以交流笼形异步电动机为主。

(2)用途:有的电动机是带动油泵或水泵的,有的是带塔轮再传到机械上,如传动脱谷机、碾米机、铡草机等。

(3)接线:电动机接线方式有丫(星形)接线、丫丫(双星形)接线、△(三角形)接线以及丫-△(即丫启动、△运行接线)。

(4)运行要求:有的电动机要求始终一个速度,有的电动机则要求具有两种速度(低速),还有的电动机是多速运转的,也有的电动机有几种顺向转速和一种反向转速,顺向做功,反向走空车等。

对启动方式、正反转、调速及制动的要求,各台电动机之间是否相互有制约的关系(还可通过控制电路来分析)。

图10-2中有两台电动机 M_1 和 M_2。M_1 是油泵电动机,通过它带动高压油泵,再经液压传动使主轴做功;M_2 是工作台快速电动机,两台电动机接线方法均为星形。

2. 要清楚用电设备是用什么电气元件控制

控制电气设备的方法很多,有的直接用开关控制,有的用各种启动器控制,有的用接触器或继电器控制。图10-2中的电动机是用接触器控制的。当接触器 KM_1 得电吸合时,M_1 启动;当 KM_2 得电吸合时,M_2 启动。

3. 了解主电路中所用的控制电器及保护电器

前者是指除常规接触器以外的其他电气元件,如电源开关(转换开关及断路器)、万能转换开关等。后者是指短路保护器件及过载保护器件,如断路器中电磁脱扣器及热过载脱扣器的规格;熔断器、热继电器及过电流继电器等元件的用途及规格。一般来说,对主电路作如上内容的分析以后,即可分析辅助电路。

如图10-2所示,两条主电路中接有电源开关 QS、热继电器 FR 和熔断器 FU_1,分别对电动机 M_1 起过载保护和短路保护作用。FU_2 对电动机 M_2 和控制电路起短路保护作用。

4. 看电源

要了解电源电压等级,是380 V 还是220 V,是从母线汇流排供电还是配电屏供电,还是从发电机组接出来的。

一般生产机械所用电源通常均是三相、380 V、50 Hz 的交流电源,对需采用直流电源的设备,往往都是采用直流发电机供电或采用整流装置供电,随着电子技术的发展,特别是功率整流管及晶闸管的出现,一般情况下都由整流装置来获得直流电。

图10-2中,电动机 M_1、M_2 的电源均为三相380 V。主电路的构成情况是:三相电源 L_1、L_2、L_3→电源开关 QS→熔断器 FU_1→接触器 KM_1→热继电器 FR→笼形异步电动机 M_1。另一条支路,熔断器 FU_2 接在熔断器 FU_1 端头 U_{21}、V_{21}、W_{21} 上→接触器 KM_2→笼形异步电动机 M_2。

三、识读辅助电路的步骤

辅助电路包含控制电路、信号电路和照明电路。

分析控制电路时可根据主电路中各电动机和执行电器的控制要求,逐一找出控制电路中的控制环节,将控制电路"化整为零",按功能不同划分成若干个局部控制电路来进行分析。如果控制电路较复杂,则可先排除照明、显示等与控制关系不密切的电路,以便集中精力分析控制电路。控制电路的最基本的分析方法是"查线看图"法。

1. 观察电源

首先判断电源的种类是交流还是直流。其次,要判断辅助电路的电源是从什么地方接来的,并判断其电压等级。一般是从主电路的两条相线上接,其电压为单相380V;也有从主电路的一条相线和中性线上接,电压为单相220 V;此外,也可以从专用隔离电源变压器接来,电压有127 V、110 V、36 V、6.3 V 等,变压器的一端应接地,各二次绕组的一端也应接在一起并接地。辅助电路为直流时,直流电源可从整流器、发电机组或放大器上接,其电压一般为24 V、12 V、6 V、4.5 V、3 V 等。辅助电路中的一切电气元件的线圈额定电压必须与辅助电路电源电压一致,否则,电压低时电气元件不动作;电压高时,则会把电气元件线圈烧坏。图 10-2 中,辅助电路的电源是从主电路的两条相线上接来,电压为单相 380V。

2. 了解控制电路中所采用的各种继电器、接触器的用途

如使用一些特殊结构的继电器,还应了解它们的动作原理,只有这样,才能理解它们在电路中如何动作以及具有何种用途。

3. 根据控制电路来研究主电路的动作情况

结合主电路中的要求,就可以分析控制电路的动作过程。

控制电路总是按动作顺序画在两条水平线或两条垂直线之间的。因此,也就可从左到右或从上到下来进行分析。对复杂的辅助电路,在电路中整个辅助电路构成一条大支路,这条大支路又分成几条独立的小支路,每条小支路控制一个用电器或一个动作。当某条小支路形成闭合回路有电流流过时,在支路中的电气元件(接触器或继电器)则动作,把用电设备接入或切离电源。在控制电路中一般是靠按钮或转换开关接通电路的。对于控制电路的分析必须随时结合主电路的动作要求来进行,只有全面了解主电路对控制电路的要求后,才能真正掌握控制电路的动作原理。应注意各个动作之间是否有互相制约的关系,如电动机正、反转之间应设有联锁等。在图 10-2 中,控制电路有两条支路,即接触器 KM_1 和 KM_2 支路,其动作过程如下。

(1)合上电源开关 QS,主电路和辅助电路均有电压,辅助电路由线段 U_{22}、V_{22} 和 W_{22}、V_{22} 引出。

(2)当按下启动按钮 SB_2 时,即形成一条支路,电流经线段 U_2→停止按钮 SB_1→启动按钮 SB_2→接触器 KM_1 线圈→热继电器 FR→线段 V_{22} 形成回路,使接触器 KM_1 得电吸合。KM_1 得电吸合,其在主电路中的主触点闭合,使电动机 M_1 得电,开始运转。同理,按下启动按钮 SB_3,电动机 M_2 开始运转。

在启动按钮 SB_2 两端并联了一个接触器 KM_1 的辅助动合触点 KM_1(1—3)。其作用是:在松开启动按钮 SB_2 时,SB_2 触点断开,由于此时 KM 已启动,其辅助动合触点 KM_1(1—3)已闭合,电流经辅助触点 KM(1—3)流过,电路不会因启动按钮 SB_2 的松开而失电,辅助触点 KM_1(1—3)起到自保持作用。对于接触器 KM_2,由于工作的要求,不需自保持,当 SB_3 松开,电动机 M_2 即停转。

(3)停车只要按下停止按钮 SB_1。SB_1 串联在 KM_1 和 KM_2 电路中,按下停止按钮 SB_1 时,电路开路,接触器 KM_1、KM_2 失电释放,使主电路中的接触器主触点 KM_1、KM_2 断开,使电动机失电,当再启动时,必须重新按下启动按钮 SB_2、SB_3。

综上所述,电动机的启动由接触器或继电器控制,而接触器或继电器的吸合或释放则由开关或按钮控制。这种开关或按钮→接触器或继电器→电动机的控制形式,就是机械自动化的基本形式。

4. 研究电气元件之间的相互关系

电路中的一切电气元件都不是孤立存在的,而是相互联系、相互制约的。这种互相控制的关系有时表现在一条支路中,有时表现在几条支路中。图 10-2 的电路比较简单,没有相互控制的电气元件,看图时可省略这一步。

5. 研究其他电气设备和电气元件

其他电气设备和电气元件包括整流设备、照明灯等。对于这些电气设备和电气元件,只要知道它们的线路走向、电路的来龙去脉就可以。图 10-2 中 EL 是局部照明灯,TC 是提供 36V 安全电压的 380V/36V 照明变压器。照明灯开关 S 闭合时,照明灯 EL 亮起。

上面所介绍的看图方法和步骤,只是一般的通用方法,需通过具体线路的分析逐步掌握,不断总结,才能提高看图能力。

综上所述,电路图的查线看图法的要点如下。

(1)分析主电路。从主电路入手,根据每台电动机和执行电器的控制要求去分析各电动机和执行电器的控制内容。

(2)分析控制电路。根据主电路中各电动机和执行电器的控制要求,逐一找出控制电路的控制环节,将控制电路"化整为零",按功能不同划分成若干个局部控制电路来进行分析。如果控制电路较复杂,则可先排除照明、显示等与控制关系不密切的电路,以便集中精力进行分析。

(3)分析信号、显示电路与照明电路。控制电路中执行元件的工作状态显示,电源显示参数测定、故障报警以及照明电路等部分,很多是由控制电路中的元件来控制的,因此还要回过头来对照控制电路对这部分电路进行分析。

(4)分析联锁与保护环节。生产机械对于安全性、可靠性有很高的要求,实现这些要求除了合理地选择拖动、控制方案以外,在控制电路中还设置了一系列电气保护和必要的电气联锁。在电气控制电路图的分析过程中,电气联锁与电气保护环节是重要内容,不能遗漏。

(5)分析特殊控制环节。在某些控制电路中,还设置了一些与主电路、控制电路关系不密切、相对独立的某些特殊环节,如产品计数装置、自动检测系统、晶闸管触发电路、自动调温装置等。这些环节往往自成一个小系统,其看图分析的方法可参照上述分析过程,并灵活运用所学过的电子技术、变流技术、自控系统、检测与转换等知识逐一分析。

(6)总体检查。经过"化整为零",逐步分析每一局部电路的工作原理以及各部分之间的控制关系后,还必须用"集零为整"的方法,检查整个控制电路,看是否有遗漏。特别要从整体角度去进一步检查和理解各控制环节之间的联系,以便清楚地理解电路图中每个电气元件的作用、工作过程及主要参数。

第二节　识读电气安装接线图的方法和步骤

一、电气安装接线图的常识

首先明确电气安装接线图是依据相应电气原理图而绘制的,电气接线后必须达到对应电气原理图所能实现的功能,这也是检验电气接线是否正确的唯一标准。

电气安装接线图与电气原理图在绘图上有很大区别。电气原理图以表明电气设备、装置和控制元件之间的相互控制关系为出发点,以明确分析出电路工作过程为目标。电气接线图以表明电气设备、装置和控制元件的具体接线方法为出发点,以接线方便、布线合理为目标。电路接线图必须标明每条线所接的具体位置,每条线都有具体明确的线号。每个电气设备、装置和控制元件都有明确的位置,而且将每个控制元件的不同部分都画在一起,并且常用点画线框起来,如一个接触器的线圈、主触点、辅助触点都绘制在一起用点画线框起来。在电气原理图中对同一个控制元件的不同部分根据其作用绘制于不同的位置,如接触器的线圈和辅助触点绘制于辅助电路,而其主触点则绘制于主电路中。

1. 电气安装接线图各电气设备、装置和控制元件画法

(1)电气安装接线图的电气设备、装置和控制元件都是按照国家规定电气图形符号给出,而不考虑真实结构。

(2)电路中各元件位置及内部结构处理。电气安装接线图中每个电气设备、装置和控制元件是按照其所在配电盘中的真实位置绘制,同一个元器件集中绘制在一起,而且经常用点画线框起来。有的元器件用实线框图表示出来,其内部结构全部略去,而只画出外部接线,如半导体集

成电路在电路图中只画出集成块和外部接线,而在实线框内标出元器件的型号。

(3)电气安装接线图中的每条线都标有明确的标号(称为线号)。每根线的两端必须标同一个线号。电气安装接线图中串联元器件的导线线号标注有一定规律,即串联的元器件两边导线线号不同。

(4)电气安装接线图中凡是标有同线号的导线可以并联于一起。

(5)元器件接线的进线端为元器件的上端接线柱,而出线端为元器件的下端接线柱。

2. 电路安装接线图中电气设备、装置和控制元件位置安装常识

(1)出入线端子处理。

电源引入线端子和配电盘引出线端子通常都是安排在配电盘下方或左侧。

(2)控制开关处理。

配电盘总电源控制开关(刀开关或断路器)一般都是安排在配电盘上方位置(左上方或右上方)。

(3)熔断器处理。

配电盘有熔断器时,熔断器也是安装在配电盘的上方位置。

(4)开关处理。

电路中按钮开关、转换开关、旋转开关一般都是安装于容易操作的面板上,而不是安装于配电盘上。按钮开关、转换开关、旋转开关与配电盘上控制元件之间的连接线通常都是通过端子连接。.

(5)指示灯处理。

电路中的指示灯(信号灯)都是安装在容易观察的面板上。指示灯的连接线也是通过配电盘所设置的端子引出。

(6)交直流元器件区分处理。

电路中采用直流控制的元器件与采用交流控制的元器件应分开区域安装,以避免交流与直流连接线搞错。

3. 配电盘导线布置方法

配电盘导线布置(又称为布线)分为板前布线和板后布线两种。

(1)布线时一般将电源引入线与其他线分开,将直流线路与交流线路分开布置。

(2)配电盘采取板前布线时,尽量使走线美观。板前布线采用走线槽布线的方式。

二、识读电气安装接线图的方法和步骤

学会识读电路图是学会识读安装接线图的基础,学会识读安装接线图是进行实际接线的基础;通过对具体电路接线,又会促进识读安装接线图和识读电路图能力的提高。

识读安装接线图,首先应对电气原理图掌握很清楚,然后再结合电气原理图识读安装接线图是学习安装接线图最好的方法。

识读安装接线图的一般规律如下:

(1)分析清楚电气原理图中主电路和辅助电路所含有的电气元件,弄清楚每个电气元件的动作原理。要特别弄清楚辅助电路中电气元件之间的关系,弄清楚辅助电路中有哪些电气元件与主电路有关系。

(2)分析清楚电气原理图和安装接线图中电气元件的对应关系。

(3)分析清楚安装接线图中接线导线的根数和所用导线的具体规格。通过对安装接线图细致观察,可以得出所需导线的准确根数和所用导线的具体规格。

在很多安装接线图中并不标明导线的具体型号、规格,而是将电路中所有电气元件和导线型号列入元件明细表中如果安装接线图中没有标明导线的型号、规格,而明细表中也没有注明导线的型号、规格,这就需要接线人员选择导线。

(4)在安装接线图中,主电路图的识读与电气原理图的主电路图的识读方法恰恰相反,识读电气安装接线图的主电路时,是从引入的电源线开始,顺次往下看,直到电动机,主要看用电设备是通过哪些电气元件而获得电源的。

(5)辅助电路要按每条小支路去看,每条小支路要从电源顺线去查,经过哪些电气元件后又回到另一相电源。按动作顺序了解各条小支路的作用,主要目的是明白辅助电路是如何控制电动机的。

(6)根据安装接线图中的线号研究主电路的线路走向和连接方法

图 10-5 为按图 10-2 绘制的 B690 型液压牛头刨床电气安装接线图。以图 10-5 为例,安装接线图的识图步骤如下:

第一步:根据线号了解主电路的线路走向和连接方法,电源到电动机 M 之间的连接线要经过配电盘端子→刀开关 QS→接触器 KM 的主触点(3 副主触点)→配电盘端子→电动机接线盒的接线柱。

三相电源经接线端子排 X_2 的 L_1、L_2、L_3 这 3 条线与电源开关 QS 的 3 个接线端子相连,其另一出线端子 L_{11}、L_{12}、L_{13} 与熔断器 FU_1 的 3 个进线端子相接,FU_1 的另 3 个出线端子 U_{21}、V_{21}、W_{21} 与接触器 KM_1 的 3 个进线端子相连。KM_1 的出线端子 U_{11}、V_{11}、W_{11} 和热继电器 FR 的发热元件端子连接,发热元件的 3 个出线端子 U_1、V_1、W_1 通过端子排 U_1、V_1、W_1 经 $\phi20$ 金属软管和电动机 M_1 连接,使电动机 M_1 获得三相电源。

熔断器 FU_1 的出线端子 U_{21}、V_{21}、W_{21} 除与 KM_1 连接外,还与熔断器 FU_2 的 3 个接线端子连接,FU_2 的出线端子 U_{22}、V_{22}、W_{22} 与接触器 KM_2 进线端子连接,KM_2 的出线端子 U_{12}、V_{12}、W_{12} 经端子排 X_1 的 U_2、V_2、W_2 端子和 $\phi12$ 穿线管(金属软管)与电动机 M_2 连接,使电动机 M_2 获得三相电源。

第二步:根据线号了解控制电路是怎样接成闭合回路而工作的。从图 10-2 所示电路图可知,控制电路有两条小支路:即接触器 KM_1 线圈支路和接触器 KM_2 线圈支路,这两条支路的电源线是从熔断器 FU_2 的出线端子 U_{22},通过端子排 X_1 的 U_{22} 端子接到停止按钮 SB_1 触点,用线段 1 和启动按钮 SB_2 及 SB_3 的触点连接,用线段 3 经端子排 X_1 的 3 端子连接到接触器 KM_1 的线圈和辅助动合触点的一端,用线段 1 经端子排 X_1 的 1 端子接到接触器 KM_1 辅助动合触点的另一端,用线段 5 将 KM_1 线圈另一端与热继电器 FR 动断触点连接,用线段 7 将 FR 触点的另一端、KM_1 线圈与熔断器 FU_2 的出线端子 V_{22} 连接,这样,接成了一个闭合回路,使 M_1 启动,用线段 3、1 经端子排 X_1 的 3、1 端子,使 KM_1 的辅助触点与启动按钮 SB_2 触点并联。

接触器 KM_2 线圈支路的电源线也是从熔断器 FU_2 的 U_{22} 端子接出,通过停止按钮 SB_1 的 1 号线段接到 SB_3,然后经端子排 X_1 的端子 9 经线段 9 与 KM_2 的线圈连接,KM_2 线圈另一端子经线段 7 和 FU_2 的 V_{22} 端子相连。这样,又接成了一条闭合回路。当按下启动按钮 SB_3 时,接触器 KM_2 得电吸合,其主触点闭合,使电动机 M_2 得电,带动工作台快速移动。因其没有接触器辅助触点并联,当松开按钮 SB_3 时,电路即断开,电动机 M_2 被切离电源。

照明变压器 TC 的电源由 FU_2 的 V_{22}、W_{22} 端子接到 TC 的一次侧,TC 的二次侧经线段 4、8,通过端子排 X_1 的端子 4、8 接至开关 S 和照明灯 EL 上。

实现机械的启动、调速、反转和制动是电力拖动的主要环节,一切电气装置都是为这种电力拖动服务的。图 10-5 正是利用按钮→接触器→电动机的控制形式来实现电力拖动的。因此按钮、接触器、电动机是该图的主要部分,把 3 种电气元件相互控制的关系弄清楚,此图就看懂了。其他保护装置,如热继电器 FR,熔断器 FU_1、FU_2 都是为电动机的安全运转服务的。

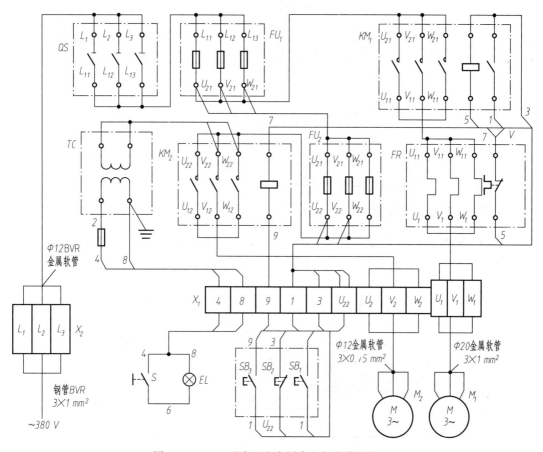

图 10-5　B690 型液压牛头刨床电气安装接线图

　　根据线号分析辅助电路的线路走向是从辅助电路电源引入端开始,依次研究每条支路的线路走向。

　　在实际电路接线过程中主电路和辅助电路是分先后顺序接线的。这样做的原因,是为了避免主电路、控制电路线路混杂,另外,主电路和控制电路所用导线型号规格也不相同。

第十一章 常见设备电气图读图实例

第一节 卧式车床电气线路图

车床是一种用途极广并且很普遍的金属切削机床。主要用来车削外圆、内圆、端面、螺纹和定型面,也可用钻头、铰刀等刀具进行钻孔、镗孔、倒角、割槽及切断等加工工作。

一、卧式车床的主要结构

CA6140 型卧式车床结构图如图 11-1 所示。主要由床身、主轴变速箱、挂轮箱、进给箱、溜板箱、溜板与刀架、尾架、光杠和丝杠等部分组成。

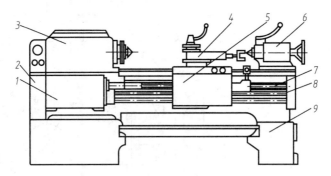

图 11-1 CA6140 型卧式车床结构图

1—进给箱;2—挂轮箱;3—主轴变速箱;4—溜板与刀架;5—溜板箱;6—尾架;7—丝杠;8—光杠;9—床身

二、卧式车床的运动形式

车床在加工过程中有主运动、进给运动和辅助运动。

车床的主运动为工件的旋转运动,它是由主轴通过卡盘或顶尖带动工件旋转,其承受车削加工时的主要切削功率。车削加工时,应根据被加工工件的材料、刀具种类,工件尺寸、工艺要求等来选择不同的切削速度,这就要求主轴能在相当大的范围内调速。车削加工时,一般不要求反转,但在加工螺纹时,为避免乱扣,要反转退刀,再纵向进刀继续加工,这就需要主轴有正、反转功能。

车床的进给运动是溜板带动刀架的纵向或横向直线运动。其运动方式有手动或自动两种。加工螺纹时,工件的旋转速度与刀具的进给速度应有严格的比例关系。为此,车床溜板箱与主轴箱之间通过齿轮传动来连接,而主运动与进给运动由一台电动机拖动。

车床的辅助运动有刀架的快速移动、尾架的移动,以及工件的夹紧与放松等。

三、卧式车床的电气控制特点及要求

CA6140 型卧式车床是一种中型车床,除主轴电动机 M_1 和冷却泵电动机 M_2 外,还设置了刀

架快速移动电动机 M_3，它的控制特点如下：

①主轴电动机从经济性考虑一般选用笼型异步电动机，为满足调速要求，采用机械调速。

②为了车削螺纹，要求主轴能进行正、反转。采用机械方法实现。

③采用齿轮箱进行机械有级调速。主轴电动机采用直接启动，为实现快速停车，一般可采用机械制动。

④设有冷却泵电动机且要求冷却泵电动机应在主轴电动机启动后方可选择启动与否；当主轴电动机停止时，冷却泵电动机应立即停止。

⑤为实现溜板箱的快速移动，由单独的快速移动电动机拖动，采用点动控制。

⑥控制线路应有必要的保护措施与安全的局部照明电路。

四、卧式车床电气控制线路

图 11-2 所示的 CA6140 型卧式车床电气原理图可分为主电路、控制电路及照明、信号电路三部分。

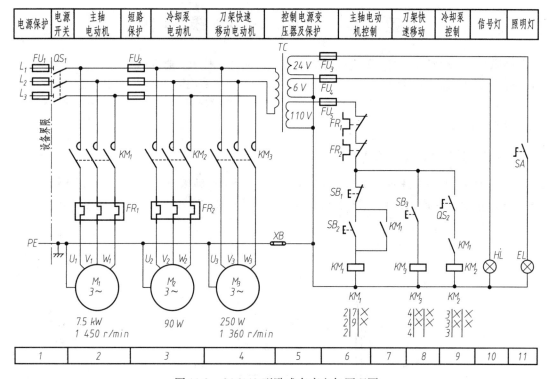

图 11-2　CA6140 型卧式车床电气原理图

（1）主电路分析

图中 QS_1 为电源开关。FU_1 为主轴电动机 M_1 的短路保护用熔断器，FR_1 为其过载保护用热继电器。由接触器 KM_1 的主触点控制主轴电动机 M_1。KM_2 为接通冷却泵电动机 M_2 的接触器，FR_2 为 M_2 过载保护用热继电器。KM_3 为接通快速移动电动机 M_3 的接触器，由于 M_3 为点动短时运转，故不设热继电器。

（2）控制电路分析

控制电路的电源由控制变压器 TC 的二次侧输出 110 V 电压提供。

①主轴电动机 M_1 的控制。当按下启动按钮 SB_2 时,接触器 KM_1 线圈得电,接触器 KM_1 主触点闭合,主轴电动机 M_1 启动运转,同时接触器 KM_1 的一个辅助动合触点闭合,完成自锁。KM_1 的另一个辅助动合触点闭合为 KM_2 线圈得电做准备。停车时,按下停止按钮 SB_1 即可。主轴的正、反转则由摩擦离合器改变传动链来实现。

②冷却泵电动机 M_2 的控制。主轴电动机 M_1 与冷却泵电动机 M_2 两台电动机之间采用顺序控制,只有当主轴电动机 M_1 启动运转后,闭合转换开关 QS_2,接触器 KM_2 线圈才能通电,其主触点闭合使冷却泵电动机 M_2 启动运转。由于 QS_2 开关具有定位作用,故不设自锁触点。

③刀架快速移动电动机 M_3 的控制。刀架快速移动电动机 M_3 由装在溜板箱上的快、慢速进给手柄内的快速移动按钮 SB_3 来控制 KM_3 接触器,进而实现 M_3 地点动。操作时,先将快、慢速进给手柄扳到所需移动方向,再按下 SB_3 按钮,即可实现该方向的快速移动。

(3)照明、信号电路分析

照明灯 EL 和指示灯 HL 的电源分别由控制变压器 TC 二次侧输出的 24 V 和 6 V 电压提供,开关 SA 为照明灯开关。熔断器 FU_3 和 FU_4 分别作为 EL 和 HL 的短路保护。

第二节　平面磨床电气线路图

磨床是用砂轮对工件的表面进行磨削加工的一种精密机床。磨床的种类很多,按其工作性质可分为外圆磨床、内圆磨床、平面磨床、工具磨床以及一些专用磨床,其中尤以平面磨床的应用最为普遍。平面磨床也分为四种基本类型:立轴矩台平面磨床、卧轴矩台平面磨床、立轴圆台平面磨床和卧轴圆台平面磨床。

一、平面磨床的主要结构

M7120 型平面磨床是利用砂轮圆周进行磨削加工平面的磨床。M7120 型平面磨床结构图如图 11-3 所示。它主要由床身、工作台、电磁吸盘、砂轮箱(又称磨头)、滑座和立柱等部分组成。

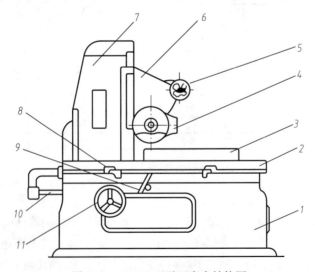

图 11-3　M7120 型平面磨床结构图

1—床身;2—工作台;3—电磁吸盘;4—砂轮箱;5—砂轮箱横向移动手轮;6—滑座;7—立柱;8—工作台换向撞块;
9—工作台往复运动换向手柄;10—活塞杆;11—砂轮箱垂直进刀手柄

二、平面磨床的运动形式

砂轮的快速旋转是平面磨床的主运动,进给运动包括垂直进给(滑座在立柱上的上、下运动)、横向进给(砂轮箱在滑座上的水平移动)和纵向运动(工作台沿床身的往复运动)。当工作台反向运动时,砂轮箱横向进给一次,能连续地加工整个平面。当整个平面磨完一遍后,砂轮在垂直于工件表面的方向移动一次,称为吃刀运动。通过吃刀运动,可将工件磨到所需要的尺寸。

三、平面磨床的电气控制特点及要求

在 M7120 型平面磨床砂轮箱内有一台电动机带动砂轮做旋转运动。砂轮的旋转一般不需要较大的调速范围,所以采用三相交流异步电动机拖动。为了做到体积小、结构简单且能提高加工精度,采用了装入式的电动机,将砂轮直接装在电动机轴上。因为考虑到砂轮磨钝以后要用较高转速从砂轮工作表面上削去一层磨料,使砂轮表面上露出新的锋利磨粒,以恢复砂轮的切削力(称为对砂轮进行修正),所以,对于这种磨床,砂轮用双速电动机带动。长方形的工作台装在床身的水平纵向导轨上做往复直线运动。为使运行过程中换向平稳和容易调整运行速度,采用液压传动。液压电动机拖动液压泵,工作台在液压作用下做纵向运动。在工作台的前侧装有两个可调整位置的换向撞块,在每个撞块碰击床身上的液压换向开关后,将改变工作台的运动方向,这样来回换向就可使工作台往复运动。也可用手轮来操作实现砂轮横向的连续与断续进给。

为在磨削加工过程中对工件进行冷却,磨床上装设有冷却泵电动机,它拖动冷却泵旋转,以提供冷却液。

另外对工件的固定可采用螺钉和压板,也可以在工作台上安装电磁吸盘,通过电磁吸力吸住工件。

基于上述拖动特点,对其电力拖动及控制有如下要求:

①砂轮电动机、液压泵电动机和冷却泵电动机都只要求单方向旋转。

②冷却泵电动机随砂轮电动机运转而运转,但冷却泵电动机不需要时,可单独断开。

③有使用电磁吸盘吸持工件、松开工件,并使工件去磁的控制环节。

④保证在使用电磁吸盘进行正常工作且电磁吸盘的吸力足够大时和不使用电磁吸盘而对机床进行调整时,都能开动机床的各电动机。

⑤设有短路保护、过载保护、零压保护,以及电磁盘的欠电流保护和过电压保护。

⑥必要的照明与指示信号。

四、平面磨床电气控制线路

图 11-4 所示的 M7120 平面磨床电气原理图可分为主电路、控制电路、电磁吸盘控制线路及照明与指示电路四部分。

(1)主电路分析

QF 为电源总开关,熔断器 FU_1 用于整个电路的短路保护。M_1 为液压泵电动机,实现工作台的往复运动,由接触器 KM_1 的主触点控制,用热电器 FR_1 作过载保护。M_2 为砂轮电动机,带动砂轮转动来完成磨削加工工件;M_3 为冷却泵电动机,冷却泵电动机 M_3 只是在砂轮电动机 M_2 运转后才能运转,都由接触器 KM_1 的主触点来控制,用热继电器 FR_2 做过载保护。M_4 是砂轮升降电动机,用于磨削过程中调整砂轮和工件之间的位置,由接触器 KM_3、KM_4 的主触点控制砂轮升降电动机的正反转。

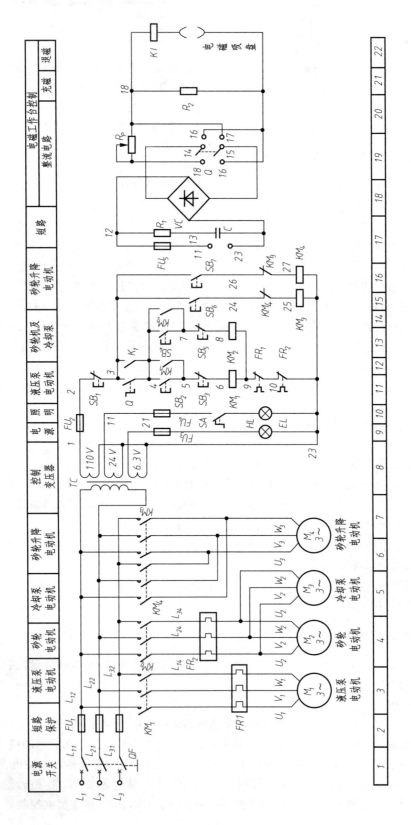

图11-4 M7120平面磨床电气原理图

（2）控制电路分析

①工作台往返电动机 M_1 的控制。闭合总开关 QF 后，控制变压器 TC 二次侧输出 24 V 交流电压，经桥式整流器 VC 整流后得到直流电压，使电流继电器 K_1 得电动作，其动合触点闭合，为启动电动机做好准备。如果 K_1 不能可靠动作，各电动机均无法运行。因为平面磨床的工件靠直流电磁吸盘的吸力将工件吸牢在工作台上，只有具备可靠的直流电流后，才允许启动砂轮和液压系统，以保证安全。

当 K_1 吸合后，按下启动按钮 SB_2，接触器 KM_1 得电吸合并自锁，工作台电动机 M_1 启动自动往返运转。按下停止按钮 SB_3，接触器 KM_1 线圈失电释放，电动机 M_1 断电停转。

②砂轮电动机 M_2 及冷却泵电动机 M_3 的控制。当 K_1 吸合后，按下启动按钮 SB_4，接触器 KM_2 通电吸合并自锁，砂轮电动机 M_2 启动运转。因为冷却泵电动机 M_3 与 M_2 联动控制，所以 M_3 与 M_2 同时启动运转。若按下停止按钮 SB_5，接触器 KM_2 线圈断电释放，电动机 M_2 与 M_3 同时断电停转。

两台电动机的热继电器 FR_2 的动断触点都串联在 KM_2 中，只要有一台电动机过载，就使 KM_2 失电。

③砂轮升降电动机 M_4 的控制。砂轮升降电动机只有在调整工件和砂轮之间位置时使用，所以用点动控制。当按下点动按钮 SB_6，接触器 KM_3 线圈获电吸合，电动机 M_4 启动正转，砂轮上升。到达所需位置时，松开 SB_6，KM_3 线圈断电释放，电动机 M_4 停转，砂轮停止上升。

按下点动按钮 SB_7，接触器 KM_4 线圈获电吸合，电动机 M_4 启动反转，砂轮下降。到达所需位置时，松开 SB_7，KM_4 线圈断电释放，电动机 M_4 停转，砂轮停止下降。

为了防止电动机 M_4 的正、反转电路同时接通，须在对方电路中串入接触器 KM_3 和 KM_4 的动断触点进行联锁控制。

（3）电磁吸盘控制电路分析

电磁吸盘用来吸住工件以便进行磨削，它具有夹紧迅速、操作快速简便、不损伤工件、一次能吸附多个工件，以及磨削中工件发热时可自由伸缩、不会变形等优点。不足之处是只能对导磁性材料如钢铁等的工件才进行吸附。对非导磁性材料如铝和铜的工件没有吸力。电磁吸盘的线圈通的是直流电，不能用交流电，因为交流电导致工件振动和铁心发热。

电磁吸盘的控制电路包括整流装置、控制装置和保护装置三个部分。整流装置由控制变压器 TC 和桥式整流器 VC 组成，提供直流电压。

转换开关 Q 是用来给电磁吸盘接正向工作电压和反向工作电压的。它有"充磁"、"放松"和"退磁"三个位置。当磨削加工时转换开关 Q 扳到"充磁"位置，Q（14—16）、Q（15—17）接通，电磁吸盘线圈电流方向从下到上。这时，因 Q（3—4）断开，由 KI 的触点（3—4）保持 KM_1 和 KM_2 的线圈通电。若电磁吸盘线圈断电或电流太小吸不住工件，则电流继电器 KI 释放，其动合触点（3—4）也断开，各电动机因控制电路断电而停止。否则，工件会因吸不牢而被高速旋转的砂轮碰击而飞出，可能造成事故。当工件加工完毕后，工件因有剩磁而需要进行退磁，故需再将开关 Q 扳到"退磁"位置，这时 Q（15—16）、Q（14—18）、Q（3—4）接通。电磁吸盘线圈通过了反方向（从上到下）的较小（因串入了 R_p）电流进行去磁。去磁结束，将开关 Q 扳回到"松开"位置（Q 所有触点均断开），就能取下工件。

如果不需要电磁吸盘，将工件夹在工作台上，则可将转换开关 Q 扳到"退磁"位置，这时 Q 在控制电路中的触点（3—4）接通，各电动机就可以正常启动。电磁吸盘控制电路的保护装置有：

①欠电流保护，由 K_1 实现。

②电磁吸盘线圈的过电压保护，由并联在线圈两端放电电阻 R_2 实现。

③短路保护,由 FU₅ 实现。

④整流装置的过电压保护。由 12、23 号线间的 R_1、C 来实现。

(4)照明与指示电路

照明电路由照明变压器 TC 降压后,经 SA 供电给照明灯 EL,在照明变压器二次侧设有熔断器 FU₄ 作短路保护。

HL 为通电指示灯,其工作电压为 6.3 V,也由变压器 TC 供给,当电源开关 QF 闭合,HL 亮,表示控制电路的电源正常;不亮则表示电源有故障。

第三节　摇臂钻床电气线路图

钻床是一种孔加工机床,可用来进行钻孔、扩孔、铰孔、攻螺纹及修刮端面等多种形式的加工。钻床的结构形式很多,有立式钻床、卧式钻床、深孔钻床及多轴钻床等。在各种专用机床中,摇臂钻床操作方便、灵活,适用范围广,具有典型性。摇臂钻床是一种立式钻床,它适用于单件或批量生产中带有多孔大型零件的孔加工,是一般机械加工车间及维修车间常用的机床。

一、摇臂钻床的主要结构

Z3050 型摇臂钻床结构图如图 11-5 所示。Z3050 型摇臂钻床主要由底座、内立柱、外立柱、摇臂、主轴箱及工作台等组成。内立柱固定在底座上,在它外面空套着外立柱,外立柱可绕着不动的内立柱回转一周。摇臂一端的套筒部分与外立柱滑动配合,借助于丝杆,摇臂可沿外立柱上下移动,但两者不能做相对转动,因此,摇臂只与外立柱一起相对内立柱回转。主轴箱是一个复合部件,它由主电动机、主轴和主轴传动机构、进给和进给变速机构以及机床的操作机构等部分组成。主轴箱安装在摇臂水平导轨上,它可借助手轮操作使其在水平导轨上沿摇臂做径向运动。当进行加工时,由特殊的夹紧装置将主轴箱紧固在摇臂导轨上,外立柱紧固在内立柱上,摇臂紧固在外立柱上,然后进行钻削加工。钻削加工时,钻头一边旋转进行切削,一边进行纵向进给。

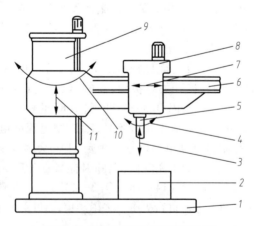

图 11-5　Z3050 型摇臂钻床结构图

1—底座;2—工作台;3—主轴纵向进给;4—主轴旋转主运动;5—主轴;6—摇臂;7—主轴箱沿摇臂径向运动;
8—主轴箱;9—内外立柱;10—摇臂回转运动;11—摇臂垂直移动

二、摇臂钻床的运动形式

摇臂钻床的主运动为主轴带着钻头的旋转运动;辅助运动有摇臂连同外立柱围绕着内立柱的回转运动,摇臂在外立柱上的上升、下降运动,主轴箱在摇臂上的左右运动等;而主轴的前进移动是机床的进给运动。

三、摇臂钻床的电气控制特点及要求

①由于摇臂钻床的运动部件较多,为简化传动装置,常使用多台电动机拖动。分别是主轴电动机、摇臂电动机、液压泵电动机及冷却泵电动机。液压泵电动机拖动液压泵提供压力油,经液压传动系统实现立柱与主轴箱的放松与夹紧以及摇臂的放松与夹紧,并与电气系统配合实现摇臂升降与夹紧、放松的自动控制。由于这4台电动机容量较小,故均采用直接启动控制。

②为适应多种加工方式的要求,主轴及进给应在较大范围内调速。但这些调速都是机械调速,用手柄操作变速箱调速,对电动机无任何调速要求,从结构上看,主轴变速机构与进给变速机构应该放在一个变速箱内,而且两种运动由一台电动机拖动是合理的。

③加工螺纹时要求主轴能正反转。摇臂钻床的正反转一般用机械方法实现,电动机只需单方向旋转。

④摇臂升降由单独的电动机拖动,要求能实现正反转。

⑤摇臂的夹紧和放松以及立柱的夹紧和放松由一台异步电动机配合液压装置来完成,要求电动机能正反转。摇臂的回转和主轴箱的径向移动在中小型摇臂钻床上都采用手动。

⑥摇臂的移动严格按照摇臂松开→移动→摇臂夹紧的程序进行。为此,要求夹紧与放松作用的液压泵电动机与摇臂升降电动机按一定的顺序启动工作,由摇臂松开行程开关与夹紧行程开关发出控制信号进行控制。

⑦机床具有信号指示装置,对机床的每一主要动作进行显示,这样便于操作和维修。

四、摇臂钻床电气控制线路

图 11-6 所示的 Z3050 型摇臂钻床电气原理图,可分为主电路、控制电路与照明及指示电路 3 部分。

(1)主电路分析

主轴电动机 M_1,由交流接触器 KM_1 控制,只要求单方向旋转,主轴的正反转由机械手柄操作。M_1 装在主轴箱顶部,带动主轴及进给传动系统,热继电器 FR_1 起过载保护作用,短路保护电器是总电源开关中的电磁脱扣装置。

摇臂电动机 M_2,装于立柱顶部,用接触器 KM_2 和 KM_3 控制其正反转。因为电动机短时间工作,故不设过载保护电器。

液压泵电动机 M_3,可以正向转动和反向转动。正向转动和反向转动的启动与停止由接触器 KM_4 和 KM_5 控制。热继电器 FR_2 是液压泵电动机的过载保护电器。该电动机的主要作用是供给夹紧装置压力油,实现摇臂和立柱的夹紧与松开。

冷却泵电动机 M_4,功率小,不设过载保护,用 QF_2 控制其启动与停止。

(2)控制电路分析

①主轴电动机 M_1 的控制。闭合 QF_1,按下启动按钮 SB_2,KM_1 吸合并联锁,M_1 电动机启动运转,指示灯 HL_3 亮。按下停止按钮 SB_1,KM_1 断电释放,M_1 停转,指示灯 HL_3 熄灭。

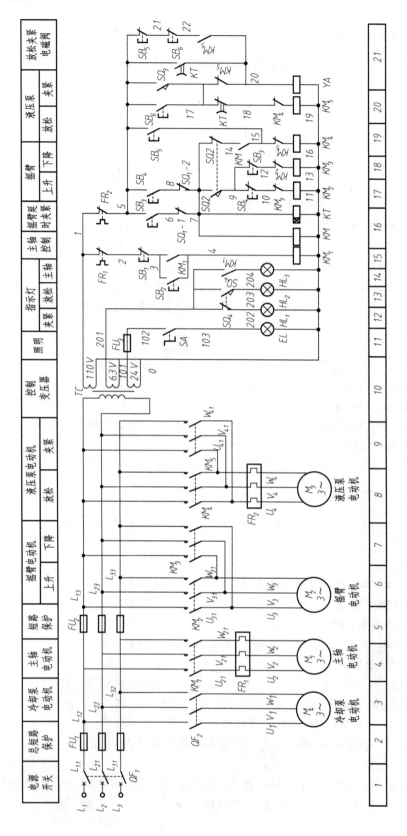

图11-6 Z3050型摇臂钻床电气原理图

②摇臂电动机 M_2 和液压泵电动机 M_3 的控制。按下摇臂下降(或上升)按钮 SB_4(或 SB_3),时间继电器 KT 和接触器 KM 吸合,KM 的动合触点闭合,因为 KT 是断电延时,故延时断开的动合触点闭合,使电磁铁 YA 和接触器 KM_4 同时闭合,液压泵电动机 M_3 旋转,供给压力油。压力油经通阀进入摇臂,松开油腔,推动活塞和菱形块,使摇臂松开。同时,活塞通过弹簧片使 SQ_3 闭合,并压位置开关 SQ_2,使 KM_4 释放,而使 KM_3(或 KM_2)吸合,M_3 停转,升降电动机 M_2 运转,带动摇臂下降(或上升)。

当摇臂下降(或上升)到所需位置时,松开 SB_4(或 SB_3),KM_3(或 KM_2)、KM 和 KT 断电释放,M_2 停转,摇臂停止升降。由于 KT 为断电延时,经过 1~3 s 延时后,17 号线至 18 号线 KT 动断触点闭合,KM_5 得电吸合,M_3 反转,液压泵反向供给压力油,使摇臂夹紧,同时通过机械装置使 SQ_3 断开,使 KM_5 和 YA 都释放,液压泵停止旋转。图中 SQ_1—1 和 SQ_1—2 为摇臂升降行程的限位控制开关。

③立柱和主轴箱的松开或夹紧控制。按下松开按钮 SB_5(或夹紧按钮 SB_6),接触器 KM_4(或 KM_5)吸合,液压泵电动机 M_3 运转,供给压力油,使立柱和主轴箱分别松开(夹紧)。

(3)照明及指示电路

照明电路由照明变压器 TC 降压后,经 SA 供电给照明灯 EL,在照明变压器二次侧设有熔断器 FU_3 作短路保护。

第四节　铣床电气线路图

铣床是用铣刀进行加工的机床,可用来加工平面、斜面和沟槽等,装上分度头后可以铣削直齿齿轮和螺旋面,装上圆工作台还可以铣削凸轮和弧形槽。因此,铣床在机械行业的机械生产设备中占有很大的比重。

铣床的种类很多,有卧铣、立铣、龙门铣及各种专用铣床等。

一、铣床的主要结构

X62W 型万能铣床的结构图如图 11-7 所示。主要由底座、床身、悬梁、刀杆支架、工作台、溜板箱和升降台等部分组成。

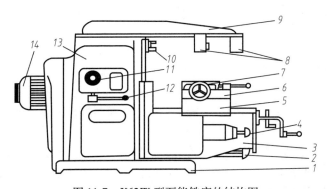

图 11-7　X62W 型万能铣床的结构图

1—底座;2—进给电动机;3—升降台;4—进给变速手柄及变速盘;5—溜板;6—传动部分;7—工作台;
8—刀杆支架;9—悬梁;10—主轴;11—主轴变速盘;12—主轴变速手柄;13—床身;14—主轴电动机

床身固定在底座上,内装有主轴传动机构和变速机构,床身上部的水平导轨可使悬梁水平移动,刀杆支架又装在悬梁上,可在悬梁上水平移动。升降台可沿床身前面的垂直导轨上下移动。溜板在升降的水平导轨上可做平行于主轴轴线方向的横向移动。工作台安放在溜板的水平导轨上,可沿导轨做垂直于主轴轴线的纵向移动。这样,固定在工作台上的工件可进行上下、前后及左右3个方向的移动。各运动部件在3个方向上的运动由同一台进给电动机通过正、反转实现。此外,溜板还能绕垂直轴线左右旋转45°,因此工作台还能在倾斜方向进给,以加工螺旋槽。工作台上还可以安装圆工作台以扩大铣削能力。

二、铣床的运动形式

铣床主要有三种运动:主运动、进给运动和辅助运动。

①主运动是由主轴电动机通过弹性联轴器来驱动传动机构,当机构中的一个双联滑动齿轮块啮合时,主轴即可旋转。

②进给运动是由进给电动机驱动,它通过机械机构使工作台进行三种形式、六个方向的移动,即工作台面能直接在溜板上部可转动部分的导轨上做纵向(左、右)移动;工作台面借助横溜板做横向(前、后)移动;工作台面还能借助升降台做垂直(上、下)移动。

③辅助运动是指工件与铣刀相对位置的调整运动及工作台的回转运动。

三、铣床的电气控制特点及要求

①铣床要求有3台电动机,分别是主轴电动机、进给电动机和冷却泵电动机。

②由于加工时有顺铣和逆铣两种,所以要求主轴电动机能正反转及在变速时能瞬时冲动一下,以利于齿轮的啮合,并要求能制动停车和实现两地控制。

③工作台的三种运动形式、六个方向的移动是依靠机械的方法来达到的,对进给电动机要求能正反转,且要求纵向、横向、垂直三种运动形式间应有联锁,以确保操作安全。同时要求工作台进给变速时,电动机也能满足瞬间冲动、快速进给及两地控制等要求。

④冷却泵电动机只要求正转。

⑤进给电动机与主轴电动机需要联锁控制,即主轴工作后才能进行进给。

四、铣床电气控制线路

图 11-8 所示的 X62W 型万能铣床电气原理图可分为主电路、控制电路与照明及保护电路三部分。

1. 主电路分析

主电路中有三台电动机,M_1 是主轴电动机,M_2 是进给电动机,M_3 是冷却泵电动机。

①主轴电动机 M_1 通过换相开关 SA_5 与接触器 KM_1 配合,能进行正反转控制,而与接触器 KM_2、制动电阻器 R 及速度继电器的配合,能实现串电阻瞬时冲动和正反转反接制动控制,并能通过机械进行变速。

②进给电动机 M_2 能进行正反转控制,通过接触器 KM_3、KM_4 与行程开关 $SQ_1 \sim SQ_4$ 配合,能实现进给变速时的瞬时冲动、六个方向的常速进给和快速进给控制。

③冷却泵电动机 M_3 只能正转。

④熔断器 FU_1 作机床总短路保护,也兼作 M_1 的短路保护;FU_2 作为 M_2、M_3 及控制变压器 TC 的短路保护;热继电器 FR_1、FR_2、FR_3 分别作为 M_1、M_2、M_3 的过载保护。

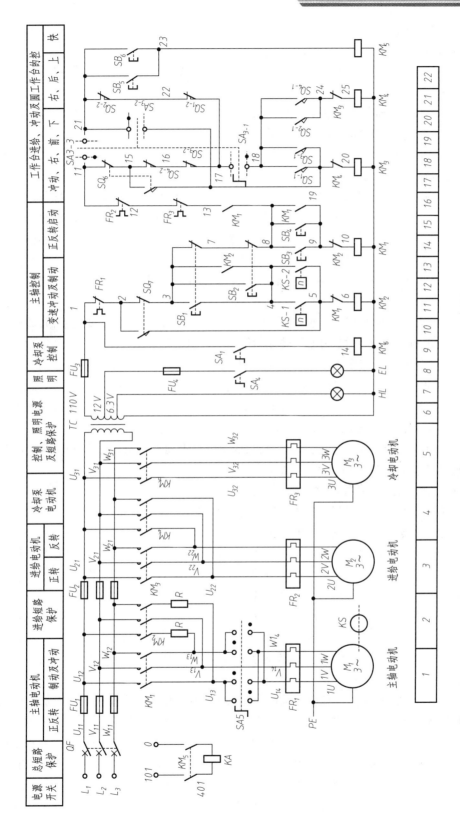

图11-8 X62W型万能铣床电气原理图

2. 控制电路分析

（1）主轴电动机的控制

①SB$_1$、SB$_3$与SB$_2$、SB$_4$是分别装在机床两边的停止（制动）和启动按钮，实现两地控制，方便操作。

②KM$_1$是主轴电动机启动接触器，KM$_2$是反接制动和主轴变速冲动接触器。

③SQ$_7$是与主轴变速手柄联动的瞬时动作行程开关。

④主轴电动机需要启动时，要先将SA$_5$扳到主轴电动机所需要的旋转方向，然后再按启动按钮SB$_3$或SB$_4$来启动主轴电动机M$_1$。

⑤M$_1$启动后，速度继电器KS的一对动合触点闭合，为主轴电动机的制动做好准备。

⑥停车时，按停止按钮SB$_1$或SB$_2$切断KM$_1$电路，接通KM$_2$电路，改变M$_1$的电源相序进行串电阻反接制动。当M$_1$的转速低于120 r/min时，速度继电器KS的一对动合触点恢复断开，切断KM$_2$电路，M$_1$停转，制动结束。

⑦主轴电动机变速时的瞬动（冲动）控制，是利用变速手柄与冲动行程开关SQ$_7$通过机械联动机构进行控制的。

主轴变速可在主轴不动时进行，也可在主轴旋转时进行。变速时，拉出变速手柄，转动变速盘，选择需要的转速，此时凸轮机构压下，使点动行程开关SQ$_7$动断触点（2—3）先断开，使M$_1$断电。随后SQ$_7$动合触点（2—5）接通，接触器KM$_2$线圈得电动作，M$_1$反接制动。当手柄继续向外拉至极限位置，SQ$_7$不受凸轮控制而复位，M$_1$停转。接着把手柄推向原来位置，凸轮又压下SQ$_7$，使其动合触点接通，接触器KM$_2$线圈得电，M$_1$反转一下，以利于变速后齿轮啮合，继续把手柄推向原位，SQ$_7$复位，M$_1$停转，操作结束。

但要注意，不论是启动还是停止，都应以较快的速度把手柄推回原始位置，以免通电时间过长，引起M$_1$转速过高而打坏齿轮。

（2）工作台进给电动机的控制

工作台的纵向、横向和垂直运动都由进给电动机M$_2$驱动，接触器KM$_3$和KM$_4$控制M$_2$的正反转，用以改变进给运动方向。它的控制电路采用了与纵向运动机械操作手柄联动的行程开关SQ$_1$、SQ$_2$和横向及垂直运动机械操作手柄联动的行程开关SQ$_3$、SQ$_4$组成复合联锁控制。即在选择三种运动形式的六个方向移动时，只能进行其中一个方向的移动，以确保操作安全，当这两个机械操作手柄都在中间位置时，各行程开关都处于未压的原始状态。

由电气原理图可知，M$_2$电动机在主轴电动机M$_1$启动后才能进行工作。在机床接通电源后，将控制圆工作台的组合开关SA$_3$扳到断开，使触点SA$_{3-1}$（17—18）和SA$_{3-3}$（11—21）闭合，而SA$_{3-2}$（19—21）断开，然后启动M$_1$，这时接触器KM$_1$吸合，使KM$_1$（8—13）闭合，就可进行工作台的进给控制。

①工作台纵向（左右）运动的控制。工作台的纵向运动是由进给电动机M$_2$驱动的，由纵向操纵手柄来控制。此手柄是复式的，一个安装在工作台底座的顶面中央部位，另一个安装在工作台底座的左下方。手柄有三个：向左、向右和零位。当手柄扳到向右或向左运动方向时，手柄的联动机构压下行程开关SQ$_1$或SQ$_2$，使接触器KM$_3$或KM$_4$动作，控制进给电动机M$_2$的正反转。工作台左右运动的行程，可通过调整安装在工作台两端的撞铁位置来实现。当工作台纵向运动到极限位置时，撞铁撞动纵向操纵手柄，使它回到零位，M$_2$停转，工作台停止运动，从而实现了纵向终端保护。

工作台向左运动：在 M₁ 启动后，将纵向操作手柄扳至向左位置，一方面机械接通纵向离合器，同时在电气上压下 SQ_2，使 SQ_{2-2} 断，SQ_{2-1} 通，而其他控制给进运动的行程开关都处于原始位置，此时使 KM_4 吸合，M_2 反转，工作台向左进给运动。其控制电路的通路为：11—15—16—17—18—24—25—KM_4 线圈—0 点。

工作台向右运动：当纵向操纵手柄扳至向右位置时，机械上仍然接通纵向进给离合器，但却压动了行程开关 SQ_1，使 SQ_{1-2} 断，SQ_{1-1} 通，使 KM_3 吸合，M_2 正转，工作台向右进给运动，其通路为：11—15—16—17—18—19—20—KM_3 线圈—0 点。

②工作台垂直（上下）和横向（前后）运动的控制。工作台的垂直和横向运动，由垂直和横向进给手柄操纵。此手柄也是复式的，有两个完全相同的手柄分别装在工作台左侧的前、后方。手柄的联动机械一方面压下行程开关 SQ_3 或 SQ_4，同时能接通垂直或横向进给离合器。操纵手柄有五个位置（上、下、前、后、中间），五个位置是联锁的，工作台的上下和前后的终端保护是利用装在床身导轨旁与工作台座上的撞铁，将操纵十字手柄撞到中间位置，使 M_2 断电停转。

工作台向前（或者向下）运动的控制：将十字操纵手柄扳至向前（或者向下）位置时，机械上接通横向进给（或者垂直进给）离合器，同时压下 SQ_3，使 SQ_{3-2} 断，SQ_{3-1} 通，使 KM_3 吸合，M_2 正转，工作台向前（或者向下）运动。其通路为：11—21—22—17—18—19—20—KM_3 线圈—0 点。

工作台向后（或者向上）运动的控制：将十字操纵手柄扳至向后（或者向上）位置时，机械上接通横向进给（或者垂直进给）离合器，同时压下 SQ_4，使 SQ_{4-2} 断，SQ_{4-1} 通，使 KM_4 吸合，M_2 反转，工作台向后（或者向上）运动。其通路为：11—21—22—17—18—24—25—KM_4 线圈—0 点。

③进给电动机变速时的瞬动（冲动）控制。变速时，为使齿轮易于啮合，进给变速与主轴变速一样，设有变速冲动环节。当需要进行进给变速时，应将转速盘的蘑菇形手轮向外拉出并转动转速盘，把所需进给量的标尺数字对准箭头，然后再把蘑菇形手轮用力向外拉到极限位置并随即推向原位，在操纵手轮的同时，其连杆机构二次瞬时压下行程开关 SQ_6，使 KM_3 瞬时吸合，M_2 作正向瞬动。其通路为：11—21—22—17—16—15—19—20—KM_3 线圈—0 点，由于进给变速瞬时冲动的通电回路要经过 $SQ_1 \sim SQ_4$ 四个行程开关的动断触点，因此只有当进给运动的操作手柄都在中间（停止）位置时，才能实现进给变速冲动控制，以保证操作时的安全。同时，与主轴变速时冲动控制一样，电动机的通电时间不能太长，以防止转速过高，在变速时打坏齿轮。

④工作台的快速进给控制。为提高劳动生产率，要求铣床在不做铣切加工时，工作台能快速移动。工作台快速进给也是由进给电动机 M_2 来驱动，在纵向、横向和垂直三种运动形式、六个方向上都可以实现快速进给控制。

主轴电动机启动后，将进给操纵手柄扳到所需位置，工作台按照选定的速度和方向做常速进给移动时，再按下快速进给按钮 SB_5（或 SB_6），使接触器 KM_5 通电吸合，接通牵引电磁铁 YA，电磁铁通过杠杆使摩擦离合器闭合，减少中间传动装置，使工作台按运动方向作快速进给运动。当松开快速进给按钮时，电磁铁 YA 断电，摩擦离合器断开，快速进给运动停止，工作台仍按原常速进给时的速度继续运动。

（3）圆工作台运动的控制

铣床如需铣切螺旋槽、弧形槽等曲线时，可在工作台上安装圆工作台及其传动机械，圆形工作台的回转运动也是由进给电动机 M_2 传动机构驱动的。

圆形工作台工作时，应先将进给操作手柄都扳到中间（停止）位置，然后将圆形工作台组合开关 SA_3 扳到圆形工作台接通位置。此时 SA_{3-1} 断，SA_{3-3} 断，SA_{3-2} 通。准备就绪后，按下主轴启动按钮 SB$_3$ 或 SB$_4$,则接触器 KM$_1$ 与 KM$_3$ 相继吸合。主轴电动机 M$_1$ 与进给电动机 M$_2$ 相继启动并运转,而进给电动机仅以正转方向带动圆形工作台做定向回转运动。其通路为:11—15—16—17—22—21—19—20—KM$_3$ 线圈—0 点。

由分析可知,圆形工作台与工作台进给有互锁,即当圆形工作台工作时,不允许工作台在纵向、横向、垂直方向上有任何运动。若误操作而扳动进给运动操纵手柄(即压下 SQ$_1$ ~ SQ$_4$ 中任一个),M$_2$ 停止转动。

3. 照明及保护电路

照明电路由变压器 TC 供给 12 V,由转换开关 SA$_4$ 控制,熔断器 FU$_4$ 作短路保护。